高等学校大数据专业系列教材

大数据与云计算导论

陈恒　编著

清华大学出版社
北京

内 容 简 介

本书探讨了大数据对当今世界的影响和重要性，并系统地介绍了大数据的基础知识、关键技术和实践案例，涵盖大数据概述与基础、大数据与云计算、大数据处理、数据统计与分析、大数据安全与隐私、数据可视化、大数据与社交媒体融合以及大数据在医疗、旅游业、金融、制造业等领域的应用以及大数据与云计算的技术融合。

本书主要面向从事数据分析、机器学习、数据挖掘或深度学习的专业人员，从事高等教育的专任教师，高等学校的在读学生及相关领域的科研人员。

图书在版编目（CIP）数据

大数据与云计算导论 / 陈恒编著. -- 北京：清华大学出版社，2024.8. --（高等学校大数据专业系列教材）. -- ISBN 978-7-302-66959-3

Ⅰ. TP393.027

中国国家版本馆 CIP 数据核字第 2024G679N7 号

责任编辑：陈景辉　张爱华
封面设计：刘　键
责任校对：李建庄
责任印制：丛怀宇

出版发行：清华大学出版社
网　　址：https://www.tup.com.cn，https://www.wqxuetang.com
地　　址：北京清华大学学研大厦 A 座　　**邮　　编**：100084
社 总 机：010-83470000　　**邮　　购**：010-62786544
投稿与读者服务：010-62776969，c-service@tup.tsinghua.edu.cn
质量反馈：010-62772015，zhiliang@tup.tsinghua.edu.cn
课件下载：https://www.tup.com.cn，010-83470236
印 装 者：河北鹏润印刷有限公司
经　　销：全国新华书店
开　　本：185mm×260mm　　**印　张**：8.5　　**字　　数**：168 千字
版　　次：2024 年 8 月第 1 版　　**印　　次**：2024 年 8 月第1 次印刷
印　　数：1～1500
定　　价：49.90 元

产品编号：105324-01

高等学校大数据专业系列教材
编　委　会

前言

近年来，随着大数据、机器学习、数据挖掘以及人工智能等领域的迅猛发展，人们对数据的分析、处理和应用的认知方式发生了改变，各行各业的运作方式与未来发展方向也受到了正向影响。这些技术已经深入医疗、旅游业、金融、制造业以及人们的日常生活。这种深远的影响，让各行业意识到了技术转型的必要性，也为其未来的发展指明了方向。同时，由于这些领域的兴起，对相关领域专业人才的需求也与日俱增。这对高等学校计算机专业人才培养提出了新的要求，因此相关配套教材也应具有一定的可用性和前沿性。

本书主要内容

本书以问题为导向，对大数据的应用领域和未来发展趋势进行探讨，强调了大数据时代带来的机遇和挑战，适合对大数据应用和其场景感兴趣的读者学习。本书共包含 11 章，每章都以案例和实践为辅助，帮助读者更深入地理解和应用所学知识。

第 1 章介绍了大数据的定义、特征，以及不同类型的大数据结构，探索了个人生活、企业和政府部门中的大数据应用。

第 2 章探讨了云计算的定义、特征，体系架构和服务模式，包括虚拟化技术、并行计算技术，以及云计算与大数据的融合及案例。

第 3 章涵盖了数据采集方法、数据影响因素与质量评估，数据清洗、变换、归约等数据处理技术。

第 4 章介绍了统计分析方法，数据挖掘的概念、分类、过程，以及常用的数据挖掘算法，并结合文学分析案例进行讲解。

第 5 章深入探讨了大数据时代的安全问题，包括网络安全漏洞、隐私泄露，提出了解决大数据安全和隐私保护的策略与技术。

第 6 章涉及数据可视化的类型、流程、步骤以及评估方法，帮助读者更好地理解数据。

第 7 章探索了社交媒体的定义、发展，以及基于大数据分析的用户、关系、内容等方面的应用，同时关注社交媒体大数据的未来挑战和信息安全问题。

第 8 章详细介绍了大数据在医疗领域的应用，包括病历共享、责任意识、电子病历的大数据定义与应用，以及我国居民终身电子病历计划等。

第 9 章关注旅游数据的收集、分析、应用问题，以及大数据在智慧旅游、定制旅游和精准营销方面的应用和技术。

第 10 章深入研究了金融领域的大数据应用，包括金融大数据的定义、影响和应用战略，结合业务应用和创新案例进行阐述。

第 11 章着眼于制造业领域，探讨了工业 4.0、工业大数据、智能工厂等概念，并通过服装个性化定制案例展示了大数据的应用。

本书特色

(1) 问题驱动，由浅入深。

本书以问题为导向，由浅入深地介绍大数据的核心概念和技术，逐步深入探讨大数据的结构、应用领域，帮助读者逐步理解和掌握相关知识。

(2) 理实结合，突出重点。

结合丰富的案例和实践，本书突出大数据处理、分析的重点，通过深入分析大数据安全、云计算与大数据融合等领域，强调理论知识与实际应用的联系。

(3) 案例丰富，实用性强。

通过丰富的行业案例和实际应用场景，详细讲解大数据在医疗、旅游、金融、制造业等领域的应用。

(4) 内容简明，易于理解。

本书简洁明了，专注于重要概念和关键知识点，避免过多冗长的论述，便于理解大数据知识，更好地掌握实际应用场景。

配套资源

为便于教与学，本书配有源代码、教学课件、教学大纲、教案、教学日历、教学进度表、授课计划、期末试卷及答案。

(1) 获取源代码和环境配置说明方式：先刮开并用手机版微信扫描本书封底的文泉云盘防盗码，授权后再扫描下方二维码，即可获取。

源代码

环境配置说明

(2) 其他配套资源可以扫描本书封底的“书圈”二维码，关注后回复本书书号，即可下载。

读者对象

本书主要面向从事数据分析、机器学习、数据挖掘或深度学习的专业人员，从事高等教育的专任教师，高等学校的在读学生及相关领域的科研人员。

在编写本书的过程中，作者参考了诸多相关资料，在此对相关资料的作者表示衷心的感谢。

限于个人水平和时间仓促，书中难免存在疏漏之处，欢迎广大读者批评指正。

作　者

2024 年 5 月

目录

第 1 章

大数据概述与基础

大数据的应用是与大数据技术的理论研究密不可分的。现在,它在众多行业中展现出了非凡的影响力。从信息科学的视角出发,大数据处理与分析可以统一看作数据智能化处理(各类数据均可视作信息载体),在大数据的诸多应用中,都可以归结为数据洞察与决策支持问题。

1.1 大数据时代的兴起

大数据时代的兴起是随着信息技术的飞速发展和互联网的普及出现的,海量的数据被不断地产生和积累。这些数据不仅仅是传统的文字和数字,还包括图像、音频、视频等多媒体形式的数据。然而,海量数据的存储、传输和处理带来了巨大的挑战。为了应对这些挑战,大数据技术应运而生。

1.1.1 大数据时代的技术演进

大数据技术背后的技术机制和原理具有以下特点。

1. 数据的多样性和复杂性

在传统的数据库技术中,数据量相对较小,处理方式也相对单一。但在大数据环境下,数据往往存在各种各样的形式,如结构化数据、半结构化数据和非结构化数据,这些数据之间存在复杂的关联性,如时间序列、空间关系和语义联系等。因此,数据之间的关系和连接更为紧密,对数据的处理和分析也需要更为高效的技术。

在这种新的数据环境下,数据的多样性和复杂性催生了对技术的全新需求。传统的数据库技术已经不再适应这种多样性和交织性。数据不再是简单的表格或字段,而是包含着结构化、半结构化和非结构化数据的综合体。这些数据形式之间存在着密切的关联，涵盖了时间、空间和语义等方面，需要更为灵活和创新的方法来处理和分析。

因此，在处理和理解数据时，我们需要采用更为灵活、多样化的技术。现代技术涵盖了分布式计算、机器学习、自然语言处理和图像识别等领域，这些技术不仅能够应对不同类型的数据，还能够挖掘数据之间更深层次的关联。通过这些新技术，可以更全面地理解数据之间的复杂关系，为决策和创新提供更准确和有力的支持。

2. 人工智能和大数据结合

随着多媒体技术和社交网络的广泛应用，人类在日常生活中产生了大量的数据。这些数据不仅涉及文字信息，还包括图像、音频、视频等。对于这种复杂性和多样性的数据，人类的感知和处理能力存在限制。因此，需要依靠高效的人工智能算法和技术，如机器学习和深度学习，来提取数据中的有价值信息，从而为决策提供支持。

除此之外，传统的数据处理和存储技术已经难以满足大数据时代的需求。Hadoop和Spark等分布式计算框架应运而生，它们能够对大规模数据进行分布式处理，从而提高处理速度和效率。

人工智能和大数据之间的关系日益紧密。复杂的神经网络模型和深度学习技术需要大量的数据进行训练。反之，大数据技术也为AI提供了更多的应用场景，如推荐系统、自然语言处理和图像识别等。

3. 分布式流处理框架的应用

在大数据时代，数据来源多样化，包括社交网络、物联网设备、商业交易、公开数据集等。这些数据的实时性和动态性要求新的处理策略。流数据处理技术，如Kafka和Storm，允许企业实时捕获和处理数据，使决策更加及时和精确。

4. 高级存储技术的应用

大数据技术还推动了存储技术的创新。传统的关系数据库在处理PB级别的数据时面临诸多挑战。因此，NoSQL数据库如MongoDB、Cassandra和HBase等应运而生，它们提供了高度伸缩性、分布式存储和高效查询等特点。

这种实时捕获和处理数据的能力使企业能够以更高的速度和更精确的方式理解和应对不断涌现的信息。通过流数据处理技术，企业可以在数据产生的同时进行实时监控和分析，从而更快地发现潜在趋势、识别异常情况或者捕捉市场机会。这种敏捷的数据处理方式赋予了企业更强大的决策能力，让其能够及时调整战略，更好地满足市场需求和变化。

另外，这些分布式流处理框架不仅仅是数据实时性的保障，它们还为企业带来了更高效的数据处理和分析手段。通过优化资源利用和分布式处理，这些框架能够处理大规模的数据流，为企业提供更快速、更可靠的数据处理能力。这种技术上的进步使得企业能够更好地利用数据资源,从而推动业务增长并保持竞争优势。

5. 数据治理和安全

随着大数据技术的广泛应用,数据的治理、质量和管理也受到了越来越多的关注。如何确保数据的完整性、一致性和可靠性,以及如何保护数据隐私和安全,都成为企业和研究机构亟待解决的问题。

与数据治理同等重要的是数据安全性。保护数据隐私和安全已成为业务运营的重中之重。数据泄露和未经授权的数据访问可能导致灾难性的后果,损害组织的声誉和客户信任。因此,制定全面的数据安全策略,采用加密技术、访问控制、身份验证以及监控和审计措施,是确保数据安全的关键步骤。

在这个环境中,数据治理和安全需求迫使企业采取综合性的措施。这些措施不仅仅是技术层面的,也包括了制定完善的政策、建立良好的数据管理流程,并且需要员工的参与和对其进行培训,以确保整个组织对于数据治理和安全的重视和理解。这种综合性的策略将有助于确保数据的完整性、质量和安全性,为组织的稳健运营提供可靠保障。

1.1.2 大数据时代的社会和经济变革

大数据时代是信息技术领域的一次重大变革,对社会和经济影响尤为重大。大数据的特点主要包括数据量巨大、数据类型多样、处理速度快、价值密度高等。通过先进的技术手段,人们能够从海量的数据中提取有价值的信息,这些信息为决策提供了前所未有的支持。

1. 对社会影响的特点

对于社会影响具有以下 3 个特点。

(1) 社会治理的升级。

大数据技术为政府提供了更加精细化、个性化的社会治理手段。通过对民生数据的分析,政府能够更好地了解民众的需求和诉求,从而有针对性地制定政策,提升公共服务水平。

这种精细化的社会治理手段为政府提供了更广阔的视角。传统上,政府决策可能更多地基于宏观指标和一般性数据,难以捕捉到民生层面的微妙变化。而大数据技术的运用,使得政府能够更深入地了解民众的生活状态、偏好和需求,从而更有针对性地提供解决方案,促进社会各方面的平衡和发展。

除了更精确的政策制定,大数据技术也为提升公共服务水平提供了新的途径。通过分析民生数据,政府能够更好地规划公共资源的分配,优化公共服务的布局,从而更有效地满足民众的需求。例如,基于数据分析的交通规划可以改善城市交通状况,提高居民出行效率，进而提升居民的生活品质。

隐私保护、数据安全以及信息利用过程中的伦理问题等都是需要深入思考和解决的议题。政府在运用大数据时需要确保数据合法、公正和透明地获取与使用，避免数据滥用或侵犯个人权益的情况发生。

因此，大数据技术在社会治理中的升级需要在科技与伦理之间寻求平衡。政府需要制定更加完善的法律法规和政策，建立健全的数据管理机制，保障数据安全和隐私保护，同时也需要增强对数据伦理和道德的思考，以确保大数据技术的应用能够真正造福社会，为民众带来更多实实在在的利益。

(2) 产业结构的优化。

大数据技术的广泛应用，推动了传统产业向数字化、智能化方向发展。新兴产业如人工智能、云计算等蓬勃发展，成为经济增长的新动力。

这种产业结构的优化体现在多个层面。首先，大数据技术的应用使得企业能够更好地利用数据资源，提高生产效率和产品质量。通过数据分析，企业能够更精准地洞察市场需求，优化生产流程，降低成本，提升竞争力。

其次，新兴产业的崛起也为经济增长带来了新动力。人工智能、云计算等技术的发展，推动了新型产业生态的形成，促进了创新和就业机会的增长。这些行业的兴起不仅改变了传统产业的生产方式，也为经济发展注入了新的活力。

然而，这种产业结构的优化也带来了一些挑战。传统产业面临着转型升级的压力，需要迅速适应数字化、智能化的趋势，否则可能被淘汰出市场。同时，新兴产业的发展也需要面对技术安全、人才匮乏等问题，需要政府、企业和教育机构共同努力。

产业结构的优化需要综合各方力量共同推动。政府应加大对新兴产业的支持和政策引导，为其提供发展的良好环境；企业需要加强技术创新和人才培养，以适应市场变化；同时，教育机构也应调整教学内容，培养适应数字化、智能化时代需求的人才。只有通过多方合作，才能实现产业结构的优化和经济发展的持续增长。

(3) 促进创新和创业。

大数据时代为创新者提供了更加丰富的资源和机会。通过数据的采集和分析，创业者可以更准确地把握市场需求，提供符合消费者需求的产品和服务。

在大数据支持下，创业者们能够更敏锐地洞察消费者的喜好和需求，进而提供更加符合市场需求的产品和服务。通过对大数据的分析，创业者可以更加精确地定位目标用户群体，优化产品设计，并且更快速地进行产品迭代，提高产品的市场适应性和竞争力。

然而，尽管大数据为创新和创业提供了广阔的空间和机会，但创业者也需要面对一系列挑战。其中，包括对数据的准确性和可靠性的要求、数据隐私保护的挑战，以及数据处理和分析能力的需求。解决这些挑战需要创业者具备较强的技术能力和良好的数据管理意识，同时也需要合理利用专业人才和技术工具来支持创新和创业过程。

因此，为了促进创新和创业，社会需要提供更加良好的创业环境和支持体系。政府可以通过提供创业政策支持、加强创新基础设施建设以及提供创业资金等方面支持创业者。同时，加强创业教育和技术培训、帮助创业者掌握大数据技术和有效利用数据资源的方法，也是推动创新和创业的重要途径。

大数据时代为创新和创业带来了前所未有的机遇和挑战。充分利用大数据资源，创业者可以更精准地洞察市场、提供符合需求的产品和服务，而应对挑战则需要多方合作、技术支持和政策引导。

2. 对经济影响的特点

对于经济影响具有以下3个特点。

(1) 提升生产效率。

大数据技术在提升生产效率方面具有显著作用。它赋予企业能力，通过对生产环节的数据分析，实现对生产流程的优化和改进。这种数据分析能力使企业能够实时监测和识别生产过程中的潜在问题，并迅速采取必要的措施。及时发现并解决问题有助于降低生产中断时间，提高生产效率。

优化生产流程不仅有助于提升效率，还能降低成本。大数据分析为企业提供了更精准的洞察力，使其能够有针对性地调整生产流程，优化资源使用，避免资源浪费。通过有效管理和利用资源，企业能够在降低成本的同时提高产出，实现更高效的生产。

除了成本方面的优势，大数据技术还为企业提供了提升产品质量的机会。通过对生产数据的深度分析，企业能够更加精确地监控和管理产品质量。这种精准的质量控制有助于减少次品率，提高产品标准化水平，增强品牌竞争力。

然而，要充分发挥大数据在提升生产效率方面的优势，企业需要投资于技术基础设施和人才培训。建立有效的数据收集和分析系统、招聘和培养具备数据分析能力的专业人才，对于企业实现生产效率的提升至关重要。此外，持续的技术创新和系统升级也是确保数据分析持续发挥作用的关键。

大数据技术为企业提升生产效率提供了巨大潜力。通过数据分析优化生产流程、降低成本、提升产品质量，企业能够在竞争激烈的市场中取得更为显著的优势，并持续实现稳健增长。

(2) 拓展市场空间。

大数据分析为企业拓展市场空间提供了强大支持。通过深入分析消费者数据，企业能够更全面、更深入地了解消费者的需求和偏好。这种深度了解消费者行为和期望的能力，使企业能够更精准地把握市场动态，更好地满足消费者的需求。

大数据还能为企业提供更智能的营销策略。通过对消费者数据的分析,企业可以更准确地确定目标受众,制定更具针对性的营销策略。个性化的市场推广有助于提高品牌曝光度,吸引更多潜在客户,进而拓展市场空间。

然而,要充分利用大数据拓展市场空间,企业需要建立完善的数据收集和分析体系。高效收集和准确分析消费者数据是成功的关键。同时,保障数据隐私和合规性也至关重要,企业需要确保在数据使用和分析过程中符合相关法规和标准,保护用户隐私。

通过大数据分析能深度了解消费者需求,精准定位市场,制定个性化的营销策略,这些都是大数据所赋予的优势,能够帮助企业在拓展市场空间中占据有利位置,不断拓展市场份额。

(3) 优化资源配置。

大数据技术可以帮助企业更加科学地进行资源配置,避免资源的浪费和过度投入。通过对数据的精细化分析,企业可以更好地把握市场动态,调整战略布局。

它还能够帮助企业识别资源利用效率低下的领域。通过对数据的深度分析,企业可以发现资源使用中的瓶颈和浪费点。这种识别能力为企业提供了改善的机会,有助于优化资源配置,提高资源利用效率。

然而,要充分发挥大数据在资源配置优化中的作用,企业需要投资于技术和人才。建立高效的数据收集、处理和分析系统是重要的一步,而拥有懂得如何利用这些系统的专业人才也很关键。同时,不断更新和完善技术系统、提高数据分析水平也是必要的。

大数据技术为企业优化资源配置提供了强大支持。精细化数据分析赋予企业更全面的市场洞察力,使其能够更准确地预测市场变化、识别资源浪费,并及时调整战略布局。这种精准的资源配置有助于企业提高效率、降低成本、增强竞争力。

1.2 什么是大数据

大数据指的是规模极大、复杂度高且多样化的数据集合,这些数据无法通过传统的数据处理工具进行处理或分析。

1.2.1 数据的基本知识

数据是信息科学的基石,它是描述客观事物的符号记录。在信息时代的今天,数据的重要性变得前所未有。数据的基本知识包括数据的来源、存储、处理等方面。

1. 数据的来源

数据的来源多种多样,它可以来自传感器、人工采集、互联网等渠道。传感器可以获取物理世界中的各种信号，如温度、湿度、压力等。人工采集是指人们通过调查、调研等手段主动获取的数据。互联网则是一个丰富的数据源，包括社交媒体、电子商务平台、新闻网站等。

除了传感器，人工采集是数据来源的重要方式。通过调查、调研、问卷调查等手段，人们能够主动获取和记录数据。这种方式可以获得更深层次的信息，例如消费者偏好、市场趋势等，为企业决策和产品开发提供重要参考。

另外，互联网作为一个庞大而多元的数据来源，承载了大量的信息。社交媒体成为用户交流和信息分享的重要平台，其中所包含的用户观点、行为和互动信息丰富多样。电子商务平台则记录了商品销售、消费者购买行为等数据。同时，新闻网站和博客等提供了关于当前事件、舆论趋势等方面的数据。

除了以上所述，还有诸如日志文件、传统媒体、科研论文、移动应用产生的数据、地理信息系统等各类来源。这些不同渠道所产生的数据具有不同的特点和价值，综合利用这些数据能够为各行各业的决策和发展提供更多可能性。

2. 数据的存储

随着数据量的不断增加，数据的存储成为了一个重要的问题。传统的数据库存储方式已经不能满足大规模数据的需求，因此出现了分布式存储系统，如 Hadoop、HBase 等，它们可以将数据分散存储在多台服务器上，提高了数据的存储能力和处理速度。

这些分布式存储系统的核心思想是水平扩展，通过将数据分割成多个部分，分布式存储在多台服务器上，使得每个节点只负责管理和处理一部分数据。这种分布式架构不仅提高了存储能力，还增强了系统的容错性和可靠性。即使某个节点出现故障，系统仍能保持运行，不影响整体的数据存储和访问。

除了分布式存储系统，云存储也成为一种备受青睐的存储方式。云存储以其灵活、可扩展的特性受到广泛欢迎，企业可以根据需求动态地购买所需存储空间，免去了传统存储设备的维护和管理成本。同时，云存储的备份和容灾功能也大大提高了数据的安全性。

然而，对于不同类型的数据和应用场景，选择合适的存储方案至关重要。有些数据可能需要高速访问，适合采用分布式存储系统；而有些数据可能更关注成本和可扩展性，云存储更具吸引力。因此，根据数据的特性、业务需求以及安全性要求，灵活选择存储方式至关重要。

随着数据存储需求的不断增长，分布式存储系统和云存储等新型存储技术的出现为解决大规模数据存储和管理提供了有效途径。灵活选择适合自身需求的存储方案对于数据安全、可靠性和高效性至关重要。

3. 数据的处理

数据处理是数据管理过程中至关重要的一环，涉及数据清洗、转换和分析等多个环节。首先是数据清洗，这一步骤是保证数据质量的关键。它包括去噪、去重、填充缺失值等操作，以确保数据的完整性和准确性。清洗数据有助于消除潜在的错误或异常值，确保后续分析的准确性和可靠性。

接着是数据转换，这是将数据从一种格式或结构转换为另一种以满足特定需求的过程。数据转换可能涉及数据的合并、切割、格式转换等操作，以便于后续的分析和应用。这个阶段的处理有助于使数据更具可操作性，适应不同的数据处理和分析工具。

然而，数据处理过程中也面临一些挑战，例如大数据量下的处理效率问题、数据质量保证和隐私安全等方面的考量。因此，需要结合合适的工具和技术，例如数据清洗工具、ETL（抽取、转换、加载）工具和先进的数据分析平台，来应对数据处理过程中的各种挑战。

合理、高效地进行数据处理有助于提高数据的质量、挖掘更多有价值的信息，并为企业决策提供支持。

1.2.2 大数据的定义和特征

大数据是指在面对海量数据时，传统的数据处理方法已经无法胜任，需要借助分布式计算和存储等技术来处理和分析数据的一种数据处理模式。大数据的定义可以通过3V模型来理解，即Volume（数据量大）、Velocity（数据处理速度快）、Variety（数据类型多样）。

1. 3V 模型

以下是对3V模型的说明。

(1) Volume（数据量大）。

大数据的一个显著特征是数据量庞大。随着互联网的快速发展，人们在日常生活中产生的数据呈现出爆炸式增长的趋势。

(2) Velocity（数据处理速度快）。

除了数据量大，大数据还要求数据的处理速度非常快。在某些场景下，如金融交易、实时监控等，数据的处理需要达到毫秒级的响应速度。这就需要采用高效的分布式计算和实时处理技术，保证数据能够在最短的时间内得到处理和分析。

(3) Variety（数据类型多样）。

大数据的另一个重要特征是数据类型的多样性。数据可以是结构化的，也可以是非结构化的，包括文本、图像、视频等形式的数据。处理这样多样的数据需要具备强大的数据处理和分析能力，同时也需要适应不同数据类型的存储和处理方式。

2. 大数据的特点

大数据通常有以下几个特点。

(1) 数据价值密度低。

在大数据的海洋中，存在大量冗余或低价值的数据，但其中也可能隐藏着重要的信息和宝贵的资源。这种数据价值密度低的情况是大数据面临的挑战之一，因为数据量的增加并不意味着价值的提升。

(2) 数据流动性强。

大数据的流动性强，数据源可能会随时发生变化，需要具备实时处理和分析的能力，以及对数据流的动态管理和调度。其流动性体现在数据源的高度变化性和实时性上，这意味着数据可能随时发生变化、增长或减少，对数据的处理和管理提出了更高要求。处理大数据的挑战之一是需要具备实时处理和分析的能力，以应对数据源不断涌现和更新的情况。因此，实时性成为大数据处理的重要考量之一。

(3) 安全性和隐私保护需求高。

大数据应用的广泛性使得数据的安全性和隐私保护成为了至关重要的课题。随着大数据的不断积累和使用，保护数据安全和隐私的需求日益增长。为了解决这一问题，必须采取一系列全面的安全措施，以确保数据在存储、传输和处理过程中的安全性。

在保障大数据安全性方面，加密技术是一项关键的措施。通过加密技术对数据进行加密处理，可以有效地防止数据在传输和存储过程中被窃取或篡改。此外，访问控制和身份验证也是保障数据安全的重要手段，只有经过授权的人员才能访问特定的数据，从而防止未经授权的信息泄露。

另外，隐私保护也是数据安全的重要组成部分。在大数据处理过程中，隐私信息的收集、存储和处理需要受到严格的管控。采取匿名化、脱敏化等技术手段对敏感信息进行保护，以保障个人隐私不受侵犯。

1.3　大数据的结构与类型

大数据的结构和类型是理解和处理大数据的关键概念，下面将分别介绍大数据的结构和类型。

1. 大数据的结构

大数据的结构通常分为以下 3 类。

(1) 结构化数据。

结构化数据是以表格形式组织的数据，具有明确定义的数据模型。它通常存储在关系数据库中，以行和列的方式呈现。每一行代表一个实例或记录，每一列代表一个属性或特征。结构化数据的优点是易于管理、查询和分析，可以通过 SQL 等查询语言进行操作。例如，企业的客户信息、销售记录等常以结构化数据的形式存在。

(2) 半结构化数据。

半结构化数据具有部分的数据模型或标记，但没有明确的表格结构。它通常以 XML、JSON 等格式存在，允许在数据中嵌入标签或属性，以描述数据的关系和属性。半结构化数据具有一定的灵活性，适用于描述层次性数据或具有复杂结构的数据。例如，XML 文件可以用来表示文档的层次结构，而 JSON 则常用于在 Web 应用中传递数据。

(3) 非结构化数据。

非结构化数据没有明确的数据模型或格式，通常以自由文本、图像、音频、视频等形式存在。处理非结构化数据需要借助自然语言处理、图像处理等技术，以从中提取有用的信息。社交媒体的文本、照片、视频，以及医疗影像数据等都属于非结构化数据的范畴。

2. 大数据的类型

大数据的类型通常分为以下 5 类。

(1) 交易数据。

交易数据是指记录了交易活动的数据，包括购买记录、交易金额、交易时间等信息。这类数据通常用于分析消费者行为、市场趋势等，对于零售、金融等行业具有重要意义。

(2) 社交媒体数据。

社交媒体数据包括用户在社交平台上的活动，如发帖、评论、点赞等行为产生的数据。这类数据对于了解用户的偏好、情感倾向等具有重要作用，也是推动社交网络营销和个性化推荐的重要依据。

(3) 传感器数据。

传感器数据是由各类传感器设备产生的数据，如温度传感器、GPS 定位信息、运动传感器等产生的数据。这类数据在物联网和工业领域应用广泛，可以用于监控、控制、预测等方面。

(4) 日志数据。

日志数据记录了系统、应用、网络等各类设备的运行状态和活动，包括错误日志、访问日志等。通过分析日志数据，可以了解系统的稳定性、性能状况等信息，也可以用于安全审计和故障排查。

(5) 多媒体数据。

多媒体数据包括图像、音频、视频等形式的数据。处理多媒体数据需要借助图像处理、音频处理等技术，用于人脸识别、语音识别、视频分析等应用。

1.4 大数据的应用

大数据技术的快速发展和普及,使得其在各个领域的应用变得愈发广泛和深入。以下将介绍大数据在不同领域的应用。

1.4.1 个人生活中的大数据应用

在个人生活中,大数据应用已经深入日常生活的方方面面。以下是一些常见的个人生活中的大数据应用示例。

1. 社交媒体

社交媒体平台利用大数据分析用户的浏览、点赞、评论等行为,向用户推荐与其兴趣相关的内容和关注对象。基于用户的地理位置、兴趣爱好等信息,社交媒体可以向用户展示与其相关的广告信息。

2. 电子商务

电子商务(简称电商)平台利用大数据分析用户的购买历史、浏览记录等,为用户推荐符合其口味的商品。通过分析用户在平台上的行为,电商平台可以了解用户的消费习惯和偏好,从而优化产品策略和服务。

3. 健康监测

借助健康监测设备,个人可以实时追踪自己的健康数据,如心率、步数、睡眠质量等,以便进行健康管理。基于用户的健康数据和目标,健身应用可以提供个性化的训练计划和营养建议。

4. 旅游与出行

通过分析交通数据和用户的位置信息,导航应用可以为用户提供最优的出行方案,节省时间和成本。借助用户评价和历史预订数据,旅游平台可以向用户推荐符合其口味和预算的酒店和餐厅。

5. 娱乐

娱乐平台利用用户的浏览和收藏记录,向用户推荐符合其兴趣的电影、音乐、书籍等娱乐内容。社交娱乐应用通过分析用户的社交行为,提供朋友圈、群组、活动等社交互动功能。

6. 餐饮与美食

基于用户的口味偏好和历史点评,美食应用可以向用户推荐附近的美食店铺。餐饮平台可以根据用户的饮食习惯和健康需求,提供个性化的菜单定制服务。

7. 个人财务管理

个人财务管理应用可以通过大数据分析用户的消费行为，为用户提供详细的消费报表和建议。根据用户的收入和支出情况，个人财务应用可以帮助用户制订合理的预算计划。

8. 教育与学习

在线教育平台可以根据学生的学习习惯和水平，提供个性化的学习内容和作业。教育应用可以分析学生的学习成绩和学习行为，为教师和家长提供学生的学习情况报告。

1.4.2 企业中的大数据应用

大数据在企业中的应用已经成为提升竞争力、改善运营效率的重要工具。以下是一些企业中常见的大数据应用示例。

1. 市场营销和客户关系管理

基于客户的历史行为和偏好，利用大数据技术为客户提供个性化的产品推荐、促销活动等，提高购买转化率。分析客户群体的特征和行为，将客户分为不同的细分市场，以便有针对性地进行营销活动。通过分析客户反馈和投诉数据，企业可以了解客户的满意度和需求，及时做出改进。

2. 销售与供应链管理

借助大数据分析销售数据和库存情况，企业可以及时调整库存水平，避免货物过剩或缺货现象。通过分析市场趋势、销售历史等数据，企业可以准确预测产品的需求量，帮助制订生产和采购计划。利用大数据对供应商的交货准时率、产品质量等进行评估，优化供应链合作关系。

3. 产品研发和创新

通过分析市场数据和消费者反馈，企业可以了解市场需求和竞争情况，为产品研发提供参考。利用大数据分析产品使用数据，了解用户的实际需求，从而进行产品功能的优化和改进。

4. 人力资源管理

通过分析候选人的简历、面试表现等数据，企业可以更准确地选择合适的人才，提高招聘效率。利用大数据分析员工的工作表现、反馈等信息，帮助企业进行绩效评估和激励策略。

5. 财务与风险管理

借助大数据分析财务数据和市场情况，企业可以及时识别和评估风险，制定相应的风险管理策略。通过分析成本数据，企业可以找到成本的主要来源，制定降低成本的策略。

6. 客户服务和支持

利用大数据分析客户的反馈信息，帮助企业了解客户需求和对产品或服务的评价，及时改进。通过分析客户服务的数据，优化客户服务流程和提升服务效率。

7. 创新和业务发展

借助大数据分析市场趋势和消费者行为，企业可以探索新的业务模式和市场机会。基于大数据分析客户需求和市场反馈，企业可以推出多样化的产品，拓展业务范围。

1.4.3 政府部门中的大数据应用

政府部门中的大数据应用对于提升治理效能、优化公共服务、加强政策制定等都具有重要意义。以下是政府部门中常见的大数据应用示例。

1. 智慧城市建设

利用大数据分析交通流量、拥堵情况等信息，优化交通信号灯控制，改善城市交通流畅度。借助传感器和大数据技术监测空气质量、水质等环境指标，提升城市环境质量。基于大数据分析城市人口流动、住房需求等数据，为城市规划和土地利用提供数据支持。

2. 社会保障与福利

借助大数据分析社会保障数据，确保社保资金的合理使用和分配，减少失误支付。利用大数据分析贫困地区的人口、经济状况等信息，精准制定扶贫政策。借助大数据技术分析医疗数据，优化医疗资源配置，提升医疗服务质量。

3. 公共安全与应急管理

利用大数据分析犯罪数据，提前发现犯罪趋势，加强警力部署。借助大数据监测自然灾害的发生和发展趋势，提前做好灾害响应准备。利用大数据分析社会舆情和事件数据，及时了解社会动态，做出相应的决策。

4. 政务服务与公共事务

借助大数据技术提升政务服务的效率和透明度，提供更便捷的公共服务。利用大数据分析社会经济数据，为政策制定者提供数据支持，制定更加科学的政策。通过大数据分析政府各部门的工作绩效和效率，优化行政管理。

5. 教育与人才发展

借助大数据分析学生的学习情况和需求，优化教育资源的分配。利用大数据分析市场需求和职业发展趋势，制订相应的职业培训计划。基于大数据分析求职者的技能和经验，为企业提供合适的人才推荐。

6. 社会治理与公共参与

借助大数据技术分析社会舆论，了解民意和社会情绪，引导舆论导向。利用大数据技术开展民意调查，了解公众对政府工作的评价和需求。

1.5 数据科学与大数据技术

数据科学和大数据技术是两个相互关联但又有着不同侧重点的领域，它们在处理和分析大规模数据方面发挥着重要作用。

1.5.1 数据科学概述

数据科学是一个综合性的领域，涵盖了从数据收集、清洗、分析到结果解释和可视化等一系列工作。以下是数据科学的一些关键方面。

1. 数据收集与获取

数据科学家负责收集各种类型的数据，可以是结构化数据（如数据库中的表格数据）、半结构化数据（如 XML、JSON 等格式）或非结构化数据（如文本、图像、音频等）。

2. 数据清洗与处理

一旦数据被获取，就需要对其进行清洗和预处理，以去除噪声、处理缺失值、进行特征工程等，以确保数据的质量和适用性。

3. 数据分析与建模

数据科学家使用统计学、机器学习等方法对数据进行分析，构建模型来了解数据的模式、趋势和关联。

4. 模型评估与优化

建立模型后，需要对模型进行评估，确保其性能符合预期。如果需要，还可以对模型进行优化和改进。

5. 结果解释与可视化

数据科学家需要能够将分析结果以易于理解的方式呈现给非技术人员，通常通过数据可视化和报告来实现。

6. 实时数据处理

在某些情况下，需要对实时产生的数据进行处理和分析，这就需要用到实时数据处理技术，如流处理。

1.5.2 大数据工具与技术

大数据技术主要关注如何有效地处理大规模数据，它包括处理、存储和分析大量数据的工具和技术。以下是大数据技术的一些关键方面。

1. 分布式计算

大数据技术通常依赖于分布式计算框架，如 Hadoop 和 Spark，这些框架允许在多台计算机上同时处理数据。

2. 分布式存储

大数据需要有高效的存储系统来存放海量数据，如分布式文件系统（如 HDFS）和分布式数据库（如 NoSQL 数据库）。

3. 数据处理和处理引擎

大数据技术包括各种数据处理引擎，如 MapReduce、Apache Flink 等，用于高效地处理大规模数据。

4. 数据流处理

大数据技术也需要能够处理实时产生的数据流，这就需要用到流处理技术，如 Kafka 和 Storm。

5. 数据存储和管理

大数据技术需要高效地管理数据，包括数据的备份、恢复、归档等。

6. 数据安全和隐私保护

大数据技术需要保证数据的安全性，防止数据泄露和不当使用。

1.6　习题与实践

习题

（1）基础概念练习。

了解大数据的特征是什么。

你认为什么样的数据可以被称为大数据？

（2）应用场景分析。

选择一个领域（个人生活、企业、政府部门），描述大数据在其中的应用实例，并分析其影响和价值。

实践

搭建实验环境。

通过教程或实践项目，学习如何在特定环境中处理和分析大数据集。

第 2 章

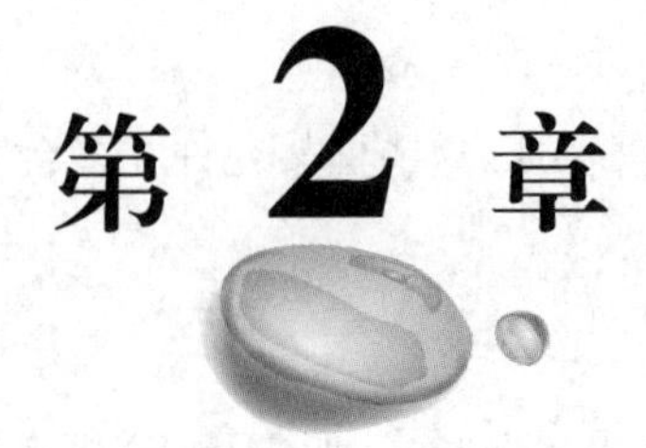

大数据与云计算

在当今数字化时代，大数据与云计算的紧密融合成为推动企业和研究机构创新的引擎。大数据技术的广泛应用使得海量数据的采集、存储和分析成为可能，从而引发了对数据治理、质量和管理的深刻关注。保障数据的完整性、一致性和可靠性成为企业的首要任务，以确保数据成为可信的决策支持依据。

2.1 云计算概述

云计算是一种基于互联网的计算模式，它通过网络提供计算资源和服务，使用户能够以按需、弹性的方式获取和使用这些资源。与传统的本地计算相比，云计算允许用户无须拥有和维护物理硬件，而是通过互联网访问远程的服务器和数据中心。

2.1.1 云计算的特征

云计算技术背后的技术机制和原理具有以下 5 个特征。

1. 按需自助服务

用户可以根据业务需求灵活地获取计算资源，无须事先与云服务提供商进行烦琐的预约或协商。自助服务的特征使得用户能够在需要时即时获取所需资源，从而更高效地满足应用程序和工作负载的需求，而无须等待人工干预的时间延迟。

2. 广泛网络访问

云服务通过广泛的网络，通常是公共互联网，提供给用户。这意味着用户可以从几乎任何地方，通过各种设备（如个人计算机、平板计算机、智能手机等）和平台访问云计算服务。这种高度灵活和可访问的特征为用户提供了极大的便利性和无缝的接入体验。

3. 资源池化

云计算提供商将多个客户的计算资源集中在一起，形成一个共享的资源池。这种池化的模式使得资源能够被动态地分配和重新分配，以满足不同客户和工作负载的需求。通过资源的共享和灵活分配，提高了资源的利用率和效率，同时降低了整体的成本。

4. 快速弹性

用户可以根据业务需求快速调整其使用的计算资源，实现快速的扩展或缩减。这种弹性的特征使得用户能够灵活地应对工作负载的变化，无论是面临临时的高峰需求还是业务下降时的资源释放，都能够迅速做出响应，确保系统的性能和可用性。

5. 可测量的服务

云计算系统能够实时监测、记录和报告资源的使用情况。这种可测量的特征使得用户能够清晰地了解其资源的实际使用情况，为资源的有效管理和预算规划提供数据支持。用户只需支付实际使用的资源量，实现了更加精确和公平的计费模式。此外，监测和报告功能还有助于优化资源的配置，提高整体系统的效率。

2.1.2 云计算体系架构与服务模式

云计算体系架构通常包括多个层次，涵盖了硬件设施、虚拟化技术、服务层和应用层。同时，云计算还基于不同的服务模式来提供不同层次的服务。这些服务模式在不同的层次上提供了不同的抽象程度，使用户能够选择最适合其需求的服务。组合这些层次和服务模式，形成了一个灵活、可扩展的云计算体系架构，为用户提供了广泛的选择和定制的空间。

以下是云计算的典型体系架构和服务模式。

1. 云计算体系架构

(1) 硬件设施层。

这是云计算的基础，包括数据中心中的服务器、存储设备和网络设备。这些硬件设施构成了底层的基础设施，用于提供计算、存储和网络资源。

(2) 虚拟化层。

在硬件设施之上，虚拟化技术起着关键作用。它可以将物理资源抽象为虚拟资源，包括虚拟机、虚拟存储和虚拟网络。这使得云服务提供商能够更好地管理和分配硬件资源，同时用户能够更灵活地使用这些资源。

(3) 云服务层。

云服务层是云计算的核心，分为不同的服务模型(IaaS、PaaS、SaaS)。这一层提供了用户所需的各种服务，从基础的计算和存储到更高级的应用程序开发和部署服务。

(4) 应用层。

应用层是最顶层的用户界面，包括各种应用程序和服务，用户通过这一层与云计算系统进行交互。这可以是企业应用、移动应用、大数据分析等。

2. 云计算服务模式

(1) 基础设施即服务(IaaS)。

IaaS 提供了虚拟化的计算资源，包括虚拟机、存储和网络。用户可以在这些基础设施上运行和管理自己的应用程序，但是需要自行管理操作系统、中间件和应用。

(2) 平台即服务(PaaS)。

PaaS 提供了应用程序开发和部署的平台，包括开发工具、数据库和中间件。用户可以专注于应用程序的开发和部署，而无须关注底层的操作系统和基础设施。

(3) 软件即服务(SaaS)。

SaaS 提供了完全托管的应用程序，用户通过互联网访问。在这种模式下，用户无须关心底层的硬件、操作系统或应用程序的维护，只需使用应用程序提供的服务。

2.2 云计算技术与应用

云计算技术能够高效处理大规模数据和复杂计算任务，加速科学计算、大数据分析和人工智能训练等应用。海量数据管理与存储技术提供了可靠、可扩展的数据存储解决方案，支持分布式存储、数据库管理和大数据处理。为了确保云计算环境的安全性，云安全技术涵盖了身份验证、访问控制和数据加密等手段。

2.2.1 虚拟化技术

虚拟化技术是一种计算机科学和云计算领域中的关键技术，它通过软件或硬件的手段将物理计算资源抽象为虚拟资源，从而使多个虚拟实例能够在同一台物理设备上运行而相互隔离。这项技术为云计算、服务器管理、应用部署和网络架构等领域带来了许多优势。以下是虚拟化技术的关键概念和应用优势。

1. 关键概念

(1) 虚拟机。

虚拟机是一种软件模拟的计算机，它在物理计算机上运行，就像独立的计算机一样。每个虚拟机都有自己的操作系统和应用程序，可以被看作一个独立的计算环境。

(2) 容器化技术。

容器化技术是一种轻量级的虚拟化形式，它将应用程序及其所有依赖项打包成一个独立的容器。容器与虚拟机相比更为轻便，因为它们共享宿主操作系统的内核，避免了虚拟机的性能开销。

(3) 宿主机和客户机。

在虚拟化环境中，物理计算机被称为宿主机，而在宿主机上运行的虚拟机或容器被称为客户机。宿主机的资源被虚拟化层管理和分配，以支持多个客户机的同时运行。

(4) 虚拟化管理器。

虚拟化管理器介于软件层和硬件层之间，负责管理和分配宿主机的物理资源给虚拟机。有两种类型的虚拟化管理器：Type-1(裸机)Hypervisor 直接运行在物理硬件上，而 Type-2(主机)Hypervisor 在一个操作系统上运行。

2. 应用优势

(1) 多租户支持。

虚拟化技术使得在同一台物理服务器上运行多个虚拟机成为可能，每个虚拟机可以彼此隔离，提供给不同的用户或应用程序使用，实现多租户的支持。

(2) 弹性计算。

虚拟化技术允许根据需求动态创建、启动、停止和删除虚拟机，从而实现对计算资源的弹性使用。这对于适应不同工作负载和业务需求的变化非常有用。

(3) 硬件利用率提高。

通过共享物理资源，虚拟化技术提高了服务器的硬件利用率。多个虚拟机可以在同一台物理服务器上共享 CPU、内存和存储资源，减少硬件资源的浪费。

(4) 快速部署和迁移。

虚拟化技术使得虚拟机可以很容易地从一个宿主机迁移到另一个宿主机，这有助于实现快速的部署和迁移，提高了系统的可维护性和可靠性。

(5) 环境隔离。

每个虚拟机都是相互隔离的，一个虚拟机的故障或安全问题不会影响其他虚拟机。这提高了系统的稳定性和安全性。

2.2.2 并行计算技术

并行计算技术是一种利用多个计算资源同时执行任务以提高计算速度和效率的方法。这项技术在云计算、科学计算、大数据分析和人工智能等领域发挥着重要作用。以下是并行计算技术的关键概念和应用优势。

1. 关键概念

(1) 分布式计算。

分布式计算将一个大型任务分解为多个小任务,并将这些任务分配给多个计算节点并行执行。这种方式通过协同处理节点的计算能力,加速了整个计算过程。

(2) 并行编程模型。

并行编程模型是一种编程方法,允许程序员利用多核处理器和分布式计算环境来提高程序性能。常见的并行编程模型包括 MPI(消息传递接口)和 OpenMP,它们允许程序员显式地管理计算资源和任务的分配。

(3) 多核处理器。

多核处理器将多个处理核心集成到一个 CPU 芯片中,每个核心可以同时执行不同的指令,从而提高了计算能力。

(4) GPU 加速。

GPU(图形处理单元)可用于并行处理任务,尤其擅长于处理大规模数据并进行复杂的计算,例如深度学习和科学模拟。

2. 应用优势

(1) 大规模数据处理。

并行计算技术广泛应用于大数据处理,如分布式文件系统(Hadoop)、分布式计算框架(Spark),加速了大数据集的分析和处理。

(2) 科学计算和模拟。

在科学研究领域,大规模的模拟和计算需要并行计算来提高计算效率,例如天气预报、物理模拟和空间探索。

(3) 高性能计算。

高性能计算集群使用并行计算技术,解决需要大量计算资源的问题,如蛋白质折叠、药物研发和气候模拟等。

(4) 深度学习和人工智能。

在深度学习领域,利用 GPU 进行并行计算能够显著加速神经网络的训练和推断过程,加快人工智能应用的发展和优化。

(5) 高效资源利用。

并行计算技术能够有效利用多个计算节点和处理器核心,提高了资源利用率和系统性能。

2.2.3 海量数据管理与存储技术

海量数据管理与存储技术是指为处理和存储大规模数据而设计的解决方案。在当今数字化时代，大量数据的产生和积累对存储、处理和管理数据提出了挑战，而海量数据管理与存储技术旨在应对这些挑战。以下是其概念和应用优势。

1. 关键概念

(1) 分布式存储系统。

分布式存储系统将数据存储在多个节点上，允许数据在不同的服务器之间分布，提高了数据的可靠性和可用性。常见的分布式存储系统包括 Hadoop Distributed File System(HDFS)和 Amazon S3。

(2) 数据库技术。

数据库技术是用于管理和组织数据的关键工具。关系数据库(如 MySQL、PostgreSQL)和 NoSQL 数据库(如 MongoDB、Cassandra)能够处理结构化和非结构化数据，并提供高效的数据检索和管理功能。

(3) 大数据处理技术。

大数据处理技术涉及对大规模数据进行存储、处理和分析。这些技术包括 Hadoop、Apache Spark 等分布式计算框架，能够并行处理海量数据，支持批处理、实时流处理和机器学习等应用。

(4) 数据安全与隐私保护。

随着数据规模的增加，数据安全和隐私保护变得尤为重要。加密技术、访问控制、身份验证和审计等手段被用于确保数据的安全性和隐私性。

2. 应用优势

(1) 可扩展性和可靠性。

海量数据管理技术提供了可扩展的存储解决方案，能够轻松应对不断增长的数据量，并通过数据冗余和备份提高了数据的可靠性。

(2) 高效数据处理。

通过大数据处理技术，海量数据可以被高效地存储、管理和分析，帮助用户从数据中提取有价值的信息和洞察。

(3) 实时数据处理。

一些技术能够支持实时数据处理和流式处理，对实时数据进行分析和决策，满足了对实时性要求较高的应用场景。

(4) 跨平台和云存储。

许多海量数据管理解决方案支持跨多个平台和云存储服务的数据迁移与管理，为用户提供了更大的灵活性和可移植性。

(5) 数据分析与洞察。

这些技术不仅仅是存储数据,更可以通过数据分析和挖掘帮助用户发现新的趋势、模式和机会,为业务决策提供支持。

2.3 云计算与大数据的融合

云计算与大数据的融合是当今科技领域的重要趋势之一,它们相互结合产生了更强大的计算和数据处理能力,为企业和组织带来了巨大的价值和机遇。融合云计算和大数据技术为各行业带来了更强大的数据处理和分析能力,支持了许多创新性应用和解决方案,促进了业务发展和科学研究的进步。

云计算和大数据的融合带来了深刻的影响,它们相辅相成,为企业和组织提供了更强大的数据处理和分析能力。以下是它们之间的关系和融合带来的一些关键应用。

1. 关系

(1) 资源弹性与数据需求。

云计算的弹性资源使大数据处理更高效,企业可以根据需要扩展或缩减计算和存储资源,以适应不同的数据处理需求。

(2) 存储和计算能力。

云计算提供了大规模数据存储和处理的能力,结合大数据技术,实现了高效管理和分析海量数据的可能性。

(3) 数据分析和智能决策。

云上的大数据处理工具和服务为企业提供了更多数据分析和挖掘的机会,以支持智能决策和预测模型的建立。

2. 应用

(1) 实时数据分析与监控。

通过云计算和大数据技术,企业可以实时监控和分析海量实时数据,例如物联网设备传输的数据、交易信息等,以便即时做出决策。

(2) 个性化推荐和营销。

利用云计算的计算能力和大数据的分析,企业可以基于用户行为和偏好提供个性化的产品推荐和精准营销。

(3) 智能预测和优化。

通过大数据分析和云端计算,企业可以利用机器学习和数据模型预测未来趋势,优化生产和供应链,提高运营效率。

(4) 科学研究和探索。

大规模的科学数据需要强大的计算和存储资源。云计算提供了高性能计算环境,使科学家能够更快速地进行模拟、研究和实验。

(5) 医疗保健和生物信息学。

应用云计算和大数据技术,医疗领域可以处理和分析大规模的医疗数据、基因组数据,加速疾病诊断、药物研发等领域的进展。

(6) 金融风险管理。

云计算和大数据技术可以帮助金融机构分析大量交易数据、行为模式,预测风险并进行精准的风险管理。

2.4　案例:智慧城市建设

智慧城市建设是利用先进的技术手段,通过数据的采集、分析和应用,优化城市的管理和运行,提高居民生活质量的发展方向。智慧城市建设中,云计算与大数据技术为城市管理者提供了更准确、实时的数据支持,帮助他们更精准地预测城市发展需求、优化资源配置和提升服务水平。这些技术的应用使城市管理更智能、更可持续,提升了城市居民的生活品质和工作效率。以下是智慧城市建设中云计算和大数据技术的应用案例。

(1) 智能交通管理。

智能交通管理是借助先进技术来监控、优化城市交通系统的一种重要方式。其中,实时交通监控和优化是智能交通管理的核心。在城市各处部署传感器和摄像头,这些设备可以收集交通流量、车辆行驶速度、路况等数据。这些数据通过云计算平台进行处理和分析,为城市规划者提供实时的交通状况信息。通过即时了解道路拥堵情况、车辆密度等数据,城市规划者可以采取相应措施进行交通优化,例如调整信号灯时间、提供实时导航建议,以减少交通拥堵,提高交通效率。

此外,智能交通管理也包括智能交通信号控制。通过智能化的交通信号灯系统,可以根据实时的交通流量和情况来调整信号灯的时间,优化交通流动,缓解拥堵。这种基于实时数据的信号灯控制系统可以更灵活地适应交通状况的变化,提高道路通行效率。

智能交通管理有助于交通安全的提升。基于数据分析和预测,智能交通管理系统可以识别高风险交通区域,并采取相应的措施,例如加强监控、提醒驾驶员注意安全驾驶,以降低交通事故发生率。

智能交通管理也助力环境保护。通过优化交通流动,减少拥堵和车辆尾气排放,智能交通系统有助于降低空气污染，改善城市环境，提高居民生活质量。

然而，智能交通管理还面临一些挑战，如数据隐私保护、系统安全性等。确保数据安全和保护用户隐私是智能交通系统发展的重要考量之一。因此，在不断推进智能交通管理的发展过程中，需要平衡技术创新与隐私安全保护，以实现更智能、更安全、更高效的城市交通管理。

(2) 资源管理与节能环保。

智能能源管理和资源节约是智慧城市发展中关键的一环。通过大数据分析城市的能源使用数据，智能能源管理系统能够优化能源分配，提高能源利用效率。这种系统通过收集并分析能源使用情况、峰谷电量需求等数据，帮助城市管理者更好地了解能源消耗模式，并基于数据预测需求，从而更有效地调整能源供给，降低能源浪费，实现能源的合理利用。

同时，环境监测和预警是智慧城市中另一个重要的领域。通过部署传感器监测城市环境污染、垃圾处理情况和水资源利用等情况，这些传感器能够实时收集环境数据，并通过云计算和大数据技术进行分析。这种实时监测使得城市管理者能够及时发现环境问题，例如空气污染、水资源短缺等，并提前预警。基于大数据分析，管理者能够制定有效的环境保护策略，采取相应的措施来解决环境问题，保障城市居民的健康和环境的可持续发展。

除了能源管理和环境监测外，智慧城市还可以借助智能技术来优化资源利用。例如，智能垃圾管理系统能够通过传感器监测垃圾桶的填充情况，实现垃圾收集的智能化和精准化，避免资源的浪费。类似地，智能水资源管理系统也可以根据实时数据分析，优化供水系统的运行，减少水资源的损失。

(3) 智慧城市治理。

通过云计算平台整合各种公共服务数据，例如医疗、教育和社会福利数据，为居民提供更高效、个性化的公共服务。

大数据分析城市安全监控数据，包括视频监控、社交媒体数据等，提供预警和应急响应，维护城市安全。

(4) 智慧社区建设。

社区管理与服务优化是智慧城市发展中的重要组成部分。利用云计算和大数据技术，可以有效提高社区内公共资源的管理效率，包括社区服务和物业管理等。这种技术应用可以使得社区管理更加智能化、便捷化，进而提升居民的生活品质和舒适度。

首先，通过大数据技术，社区管理者能够更精准地了解居民需求和社区资源利用情况。通过分析数据，可以掌握社区内各类公共设施的使用情况、服务需求等信息，从而优化资源配置,提供更符合居民需求的服务。

其次,基于云计算平台,可以构建智能社区服务系统。这种系统能够整合各类社区服务,如垃圾处理、公共交通信息、社区活动等,使居民能够更便捷地获取相关信息和服务,提高社区管理效率。

另外,大数据技术也有助于提升物业管理水平。通过监测物业设施的运行情况,分析设备运行数据,可以实现设备故障预测、维护计划优化等,提高物业管理的效率和服务水平。

但在实施过程中,需要注意保护居民的个人信息和数据隐私。对于涉及个人信息的收集、存储和处理,需要严格遵循相关法律法规和隐私保护规定,确保数据安全和隐私保护。

社区服务的智能化和优化也需要社区居民的积极参与和反馈。建立有效的沟通渠道和参与机制,让居民能够更好地参与社区事务,提供意见与建议,共同推动智慧社区建设的持续优化。

(5) 智慧医疗和教育。

智慧医疗和教育是利用云平台技术在医疗和教育领域实现创新的关键手段。通过云平台的应用,可以支持医疗信息的共享、远程医疗服务和个性化教育模式,从而显著提升健康和教育水平。

首先,智慧医疗借助云平台实现了医疗信息的互联互通。医疗数据的共享和互通使得不同医疗机构之间能够更便捷地获取患者的历史病历、诊断结果等信息,有助于医生进行更全面、准确的诊断和治疗。

其次,远程医疗服务的发展使得患者可以足不出户就能获得专业医疗服务。利用云平台搭建的远程医疗系统,患者可以通过视频通话或远程监测设备与医生交流,获得医疗建议和诊疗方案,这对于偏远地区或行动不便的患者尤为重要。

在教育领域,个性化教育模式得到了极大的推广和发展。基于大数据分析,云平台可以对学生的学习行为和学习习惯进行分析,从而为每个学生提供个性化的学习路径和教学资源,提高教育教学效率和质量。

然而,智慧医疗和教育也面临着一些挑战,例如数据隐私保护、技术设备普及等问题。尤其是在涉及个人健康数据和教育信息的收集与处理过程中,需要遵循严格的隐私保护法规,确保数据的安全性和隐私性。

技术设备普及和信息技术素养也是智慧医疗和教育的发展需要面对的问题。需要加强社会各界的合作,提高人们对技术的接受度和使用能力,以促进智慧医疗和教育模式的更广泛应用。

接下来通过案例来演示智能交通管理,如例 2-1 所示。

【例 2-1】 智慧交通管理。

```
1 #导入库
2 import cv2#cv 库
3 import numpy as np                         #科学计算
4 #读取视频文件
5 cap = cv2.VideoCapture('./video.mp4')
6
7 #创建 mog 对象,背景差分:该方法可以用作运动检测
8 mog = cv2.createBackgroundSubtractorMOG2()
9 #得到一个结构元素(卷积核).主要用于后续的腐蚀、膨胀、开、闭等运算
10 kernel = cv2.getStructuringElement(cv2.MORPH_RECT, (5, 5))
11
12 min_w = 90
13 min_h = 90
14
15 #检测线高,和视频的宽高有关系
16 line_high = 600
17
18 #偏移量
19 offset = 7
20
21 #初始化车的数量
22 cars = []
23 carno = 0
24
25 #计算外接矩形的中心点
26 def center(x, y, w, h):
27     x1 = int(w / 2)
28     y1 = int(h / 2)
29     cx = int(x) + x1
30     cy = int(y) + y1
31     return cx, cy
32
33 #循环读取视频帧
34 while True:
35     ret, frame = cap.read()
36     if ret == True:
37         #把原始帧进行灰度化,然后去噪
38         gray = cv2.cvtColor(frame, cv2.COLOR_BGR2GRAY)
39         #去噪
40         blur = cv2.GaussianBlur(gray, (3, 3), 5)
41         mask = mog.apply(blur)
42
43         #腐蚀
44         erode = cv2.erode(mask, kernel)
45         #膨胀,把图像还原回来
46         dialte = cv2.dilate(erode, kernel, iterations = 2)
47
48         #消除内部的小块
49         #闭运算
50         close = cv2.morphologyEx(dialte, cv2.MORPH_CLOSE, kernel)
51
```

```
52          #查找轮廓
53          contours, h = cv2.findContours(close, cv2.RETR_TREE, cv2.CHAIN_APPROX_SIMPLE)
54
55          #画出检测线
56          cv2.line(frame, (10, line_high), (1200, line_high), (255, 255, 0), 3)
57
58          #画出所有检测出来的轮廓
59          for contour in contours:
60              #最大外接矩形
61              (x, y, w, h) = cv2.boundingRect(contour)
62              #通过外接矩形的宽和高大小来过滤掉小矩形
63              is_valid = (w >= min_w) and (h >= min_h)
64              if not is_valid:
65                  continue
66
67              #能走到这里来的都是符合要求的矩形,即正常的车
68              #要求坐标点都是整数
69              cv2.rectangle(frame, (int(x), int(y)), (int(x + w), int(y + h)), (0, 0, 255), 2)
70              #把车抽象为一点,即外接矩形的中心点
71              #要通过外接矩形计算矩形的中心点
72              cpoint = center(x, y, w, h)
73              cars.append(cpoint)
74              cv2.circle(frame, (cpoint), 5, (0, 0, 255), -1)
75
76              #判断汽车是否过检测线
77              for (x, y) in cars:
78                  if y > (line_high - offset) and y < (line_high + offset):
79                      #落入了有效区间
80                      #计数加 1
81                      carno += 1
82                      cars.remove((x, y))
83                      print(carno)
84          #如何画线,画在哪里
85          #如何去计数
86 #        cv2.imshow('video', erode)
87 #        cv2.imshow('dialte', dialte)
88 #        cv2.imshow('close', close)
89          cv2.putText(frame, 'Vehicle Count:' + str(carno), (500, 60), cv2.FONT_HERSHEY_
   SIMPLEX, 2, (0, 0, 255), 5)
90          cv2.imshow('frame', frame)
91
92      key = cv2.waitKey(1)
93      #用户按 Esc 键退出
94      if key == 27:
95          break
96
97 #最后别忘了释放资源
98 cap.release()
99 cv2.destroyAllWindows()
```

运行结果如图 2-1 所示。

图 2-1 车辆统计图

2.5 习题与实践

习题

(1) 基础概念练习。

解释虚拟化技术、分布式计算和云计算的关系。

概述 Hadoop 和 Spark 的区别及各自特点。

(2) 应用场景分析。

针对智慧城市、医疗保健或金融行业，思考如何结合云计算和大数据技术解决实际问题。

(3) 安全与隐私。

讨论在云计算和大数据中如何处理数据安全和隐私问题，并提出解决方案。

(4) 案例研究。

分析云计算和大数据融合在某个具体案例中的应用，如某企业的数据处理、科学研究项目等。

实践

(1) 搭建实验环境。

在云服务提供商(如 AWS、Azure、Google Cloud)上搭建虚拟机，尝试使用 Hadoop 或 Spark 等大数据处理框架。

(2) 数据分析与可视化。

使用 Python 或 R 语言，利用云端数据集进行基本数据分析，例如数据清洗、分析和可视化。

(3) 虚拟化体验。

在个人计算机上安装虚拟化软件(如 VirtualBox、VMware),创建虚拟机实例,体验虚拟化技术的基本操作。

(4) 安全实践。

学习云安全技术,了解如何设置云环境的访问控制和加密措施。

开发和部署实践:

使用云计算平台搭建一个简单的网站或应用,并学习如何将其部署到云端。

第3章

大数据处理

大数据处理是当今信息时代中不可或缺的重要环节。它涉及对海量、多样、高速产生的数据进行收集、存储、处理和分析的全过程。随着数字化时代的到来,数据量不断增长,而大数据处理则成为解决这一挑战的关键。通过先进的技术工具和方法,大数据处理使得人们能够更深入地挖掘数据的内涵,从中发现规律、趋势和洞见,为决策制定、业务优化和科学研究提供有力支持。

3.1 数据采集与数据质量

数据采集与数据质量直接关系到大数据处理的有效性和可信度。数据采集是从不同来源获取数据的过程,然而数据的质量对于后续的分析和决策至关重要。数据质量包括数据的准确性、完整性、一致性、可信度和时效性等方面。

数据质量的保障从数据采集阶段开始。有效的数据采集需要明确数据来源、采集方式和周期,确保数据全面且符合需求。同时,数据的传输和存储要具备高效、安全的特性,以保障数据的完整性和保密性。

3.1.1 数据采集方法

数据采集方法多种多样,根据数据来源和采集需求的不同,有多种途径和技术可以用于数据采集。

1. 直接采集

(1) 传感器数据。

通过各种传感器(温度、湿度、压力等)获取实时数据。

(2) 网络爬虫。

使用网络爬虫技术从网页或网站上爬取数据,用于搜索引擎、舆情分析等。

(3) 日志收集。

收集系统、应用程序、服务器等产生的日志数据,用于故障排查、行为分析等。

2. 数据库读取

(1) SQL 和 NoSQL 数据库。

使用 SQL 或 NoSQL 查询语言,从关系或非关系数据库中提取数据。

(2) ETL 工具。

使用 ETL 工具从不同数据库中提取数据并进行转换和整合。

3. API 和开放数据

(1) API 调用。

通过 API 获取第三方提供的数据,如社交媒体数据、天气数据等。

(2) 开放数据源。

利用开放数据源(例如政府公开数据、科研机构数据)获取相关信息。

4. 人工输入和调查

(1) 人工输入。

通过人工输入或扫描纸质文件将数据数字化,如文本、图像等。

(2) 问卷调查。

设计调查问卷收集数据,用于市场调研、社会调查等。

5. 实时流数据

使用流处理技术(如 Apache Kafka、Apache Flink 等)采集和处理实时流数据。

6. IoT 设备

从各种联网设备(如智能家居、工业传感器等)获取数据。

7. 社交媒体和网络数据

从社交媒体平台中获取用户生成的内容和数据。

8. 数据仓库

从已有的数据仓库或数据集中收集数据,用于分析和报告。

3.1.2 数据影响因素与质量评估

1. 数据影响因素

数据质量的稳定性和可靠性受多方面因素的影响。其中,数据的完整性、准确性、一致性以及时效性是关键的考量要素。完整性指数据记录是否完整,准确性涉及数据与实际情况的匹配程度,一致性则考查数据在不同源头之间的同步性,而时效性则确保数据在需要时能够及时获取和使用。这些因素相互交织，共同塑造着数据的质量水平，对于数据驱动的决策和分析至关重要。

（1）准确性。

数据准确度是数据质量的核心，包括数据是否真实、正确和完整。

（2）完整性。

数据的完整性指数据是否完整、不缺失。

（3）一致性。

不同数据源或数据集中数据是否相互一致，是否存在矛盾。

（4）时效性。

数据时效性意味着数据是否是最新的，并且能够在需要时及时更新。

（5）可信度。

数据来源的可信度和可靠性对数据质量至关重要。

（6）合规性和隐私保护。

数据是否符合法律法规，同时是否对个人隐私进行了合适的保护。

2. 数据质量评估

数据质量评估是确保数据可信度和有效性的关键步骤，而数据质量的好坏直接影响数据分析和决策的可靠性。数据质量评估方法主要有以下 6 种。

（1）数据清洗。

数据清洗是一项关键的步骤，它涉及清理数据中的错误、重复项和异常值，以确保数据的准确性和一致性。这个过程通常包括识别并修复数据集中的缺失值，解决数据输入错误或拼写错误，移除重复记录以及处理异常值。通过数据清洗，可以提高数据的质量，使其更适合用于后续的分析和决策过程，确保数据的可靠性和有效性。

（2）数据标准化和规范化。

数据标准化和规范化步骤涉及将数据的格式、单位和命名规范化，旨在提高数据的可读性和可比性。通过标准化，确保数据在不同来源和不同时间点之间具有一致的表达方式，使得数据更易于理解和比较。数据标准化还有助于消除由于格式差异或命名规则不一致而可能产生的混淆和误解，进而提高数据的整体质量。这种一致性的数据格式有助于确保数据分析的准确性和结果的可靠性，为决策过程提供更可信的支持。

（3）数据可视化和探索性分析。

数据可视化和探索性分析步骤涉及使用各种可视化工具和探索性分析方法来深入了解数据集，发现其中隐藏的模式、异常和潜在问题。通过绘制图表、制作图形和应用统计技术，可以更直观地呈现数据的特征和变化趋势，从而揭示数据中的规律性或异常情况。这种可视化分析有助于及时发现数据中的潜在问题，例如异常值、数据分布偏差或缺失趋势，为后续的数据清洗和处理提供指导，确保数据质量得到有效提升。数据可视化和探索性分析不仅为数据质量评估提供了更直观的理解，也为决策者提供了更清晰、更全面的数据基础，增强了数据分析和决策的可靠性。

(4) 数据抽样和对比。

数据抽样和对比步骤包括对数据集进行抽样，选取代表性样本，并将其与其他数据源或标准进行对比。这种对比有助于验证数据的一致性和合理性，确认数据在不同来源或特定标准下的准确性和可靠性。通过抽取样本并与其他数据进行对比，能够发现潜在的差异、异常或不一致之处，有助于识别数据集中的问题或错误。这种对比性评估可以帮助确认数据的真实性，并提供了一个验证数据质量的有效手段，增强了数据分析和决策的可靠性和信任度。

(5) 数据质量指标。

数据质量指标包括完整性、准确性、一致性等方面，用于量化评估数据质量。通过制定和应用这些指标，可以系统地评估数据在不同方面的质量水平，明确数据的可信度和有效性。例如，完整性指标关注数据是否完整记录了相关信息；准确性指标评估数据与实际情况的符合程度；一致性指标考查数据在不同来源或时间点下的一致性程度。制定并遵循这些评估标准有助于提高数据质量的管理和控制，为数据分析和决策提供可靠的基础。同时，这些指标也为评估过程提供了一种标准化的方法，使得数据质量的评估更具有客观性和可比性。

(6) 用户反馈与验证。

用户反馈与验证来确认数据的可信度和有效性。这个方法涉及从数据的最终使用者那里收集反馈，以验证数据是否满足其需求和期望。通过与实际使用数据的人沟通交流，可以了解到数据在实际应用中可能存在的问题、局限性或需要改进的方面。用户反馈和验证提供了一个重要的补充，能够捕捉到其他评估方法可能遗漏的数据质量问题。这种实时的反馈机制有助于不断优化数据质量评估流程，确保数据质量评估方法与实际需求和预期保持一致。通过与最终用户密切合作，可以更好地理解数据的实际应用场景和需求，从而提高数据质量评估的全面性和准确性。

3.2 数据清洗与变换

数据清洗涉及发现和处理数据中的异常、缺失或重复值。通过处理缺失值、异常值和重复记录，数据清洗确保了数据的完整性、准确性和一致性。这一过程有助于消除噪声、减少偏差，并确保数据集符合质量标准。

数据变换包括对原始数据进行变换或重构，以改善数据的可用性和适应性。它可以包括特征工程，利用领域知识和统计方法创建新特征，或者将原始特征转换为更适合模型处理的形式。标准化、对数化、幂次变换和 PCA（主成分分析）等技术则有助于改善数据的分布性、降低数据间的相关性、减少维度等。

这些步骤并非单一进行，通常是一个迭代的过程，需要根据数据特征和分析目的灵活应用。数据清洗和变换确保了数据的质量和可靠性，为后续的数据分析、挖掘以及机器学习模型的训练提供了可靠的基础。

3.2.1 处理残缺、噪声、冗余数据

在数据处理的过程中，处理残缺、噪声和冗余数据是至关重要的环节，决定了数据的可信度和应用范围。数据在获取和存储的过程中往往会出现这些问题，需要有针对性地进行处理和清洗，以确保数据的质量和准确性。

1. 处理残缺数据

数据中的缺失值可能是由于记录错误、系统故障或者数据收集难度导致的。缺失数据会影响后续分析的可靠性，因此需要采取措施进行处理。

（1）删除含有缺失值的样本。

对于数据缺失较为严重的样本，或者该样本整体质量受到影响较大时，可以考虑删除这些样本，以保证数据的完整性。

（2）填充缺失值。

采用填充方式处理缺失值，可以使用均值、中位数、最频繁值等统计数据来填充缺失的数据点，确保填充后的数据分布保持稳定。

（3）插值方法。

针对连续数据，可以利用插值方法，例如线性插值、多项式插值等，来填充缺失值，使数据的变化更为平缓。

2. 处理噪声数据

噪声数据是不符合数据模型或异常的数据点，可能会误导分析，影响模型的准确性。处理噪声数据的方法如下。

（1）异常值检测与处理。

利用统计学方法（例如 3σ 原则、箱线图检测）、聚类或机器学习算法来识别和处理异常值，可选择删除、替换或平滑异常值。

（2）平滑数据。

采用平均值、移动平均等方法平滑数据，使噪声对分析的影响降到最低。

3. 处理冗余数据

冗余数据指数据集中存在重复或高度相关的数据。处理冗余数据可以提高数据的有效性和分析效率。

(1) 特征选择。

通过相关性分析、方差阈值、信息增益等方法选择最相关和最具代表性的特征，去除冗余特征，降低模型的复杂度。

(2) 数据集成。

对多个数据源进行整合和合并，去除重复或高度相关的数据，确保数据集的完整性和一致性。

以上方法是处理残缺、噪声和冗余数据的主要途径，但需要根据具体数据的特点和实际情况来选择合适的方法。正确处理这些问题能够提高数据质量和可信度，为后续的数据分析和决策提供更为可靠的基础。

3.2.2 数据变换与集成

数据变换和集成是数据处理中重要的步骤，能够提高数据质量和可用性，为进一步的分析和应用提供更有价值的数据。

1. 数据变换

(1) 特征工程。

利用统计学方法对原始特征进行变换和创造新特征，以提高模型的表现。这包括特征缩放、组合特征、转换特征分布等。

(2) 数据规范化。

将数据规范化至一定范围内，确保不同特征值处于相似的数值范围内，防止某些特征对模型的主导影响。

(3) 对数化和幂次变换。

对数据进行对数化或幂次变换，使其更符合模型的假设条件，如正态性要求。

(4) PCA。

使用 PCA 方法减少特征维度，消除特征间的相关性，提高模型训练效率和降低维度灾难。

2. 数据集成

(1) 数据整合。

将多个数据源进行整合，包括合并数据、去重、数据清洗和数据转换，确保数据的完整性和一致性。

(2) 标准化数据模型。

通过标准化数据模型,保证数据在不同系统间的互操作性和一致性。

(3) 数据集成工具和技术。

利用 ETL 工具或者数据集成平台进行数据整合,确保数据的有效集成和共享。

这些数据变换和集成的方法有助于提高数据的可用性、适应性和整体质量,使得数据更加符合分析和应用的需求。数据的有效变换和集成可以为后续的数据分析、挖掘以及机器学习模型的训练提供更加准确和可靠的数据基础。

3.3 数据归约

数据归约是数据处理的重要环节,旨在减少数据集的规模,同时保留数据的重要信息。这有助于降低计算成本、提高模型效率,并减少数据处理的复杂性。数据归约并非一成不变,而是根据具体情况和分析需求进行调整。在保留数据重要信息的同时,有效地减少数据量,可以更高效地利用数据,并为后续的分析和建模提供更为可靠的基础。

3.3.1 维度归约

维度归约通常指的是将高维数据映射到低维空间的过程。在大数据和机器学习领域,维度归约是一种常见的技术,旨在减少数据的维度数量,同时保留数据中最重要的特征,以便更轻松地分析和了解数据。

1. 维度归约类型

(1) 特征选择。

从原始特征集中选择最具代表性或最重要的特征,丢弃其他特征。这种方法不改变特征本身,只是从中选择子集。

(2) 特征提取。

通过数学变换将原始特征集映射到一个新的低维特征空间。常见的方法包括 PCA、线性判别分析(LDA)和 t-分布随机邻域嵌入(t-SNE)等。

2. 维度规约的优势

(1) 降低计算成本。

减少了数据集的维度,从而降低了计算复杂度,提高了算法的效率。

(2) 去除冗余信息。

消除了特征之间的相关性,减少了噪声和冗余信息,有助于提高模型的泛化能力。

（3）可视化和理解。

将高维数据投影到二维空间或三维空间，更容易进行可视化和理解。其主要原因在于人类视觉系统和认知能力的限制，以及降维带来的信息呈现方式的改变。

3.3.2　数值归约

数值归约指的是通过各种技术或方法减少数据集的数量级，而不会丢失数据的关键信息或造成严重的信息损失。这种技术通常用于处理大规模数据，以减少存储需求、计算成本或简化分析过程。

1. 数值归约的类型

（1）聚合。

聚合在减少数据量同时保留基本统计信息，简化了数据结构，降低了计算成本。常见的聚合方式包括计算平均值、总和、最大值或最小值等。

（2）抽样。

抽样因减少数据量而保持代表性，适用于大型数据集的快速分析和处理。抽样随机选择样本，确保样本能够代表原始数据集。

（3）特征选择。

特征选择可以减少特征数量，简化模型，保留了最重要的特征，降低了维度。其选择最相关或最具代表性的特征，丢弃冗余或不重要的特征。

2. 数值归约的优势

（1）降低计算成本。

所有类型的数值归约方法都有助于降低处理和分析数据的计算成本。

（2）简化数据结构。

聚合、特征选择和离散化方法可以简化数据结构，提高处理效率。

（3）信息保留。

特征选择和维度归约方法能够保留数据的关键信息，有助于保持数据的重要特征。

（4）可视化和理解。

维度归约可以帮助将高维数据转换为二维或三维空间，更容易进行可视化和理解。

这些归约方法都有助于简化数据集、提高效率，并且有助于降低处理数据所需的时间和计算资源。选择哪种方法取决于数据集的特性、数据处理的目的和后续分析的需求。常常需要根据具体情况采用维度归约和数值归约相结合的方式来处理数据。

3.4 习题与实践

习题

(1) 基础概念练习。

解释什么是大数据处理。

常见的大数据处理步骤有哪些。

(2) 应用场景分析。

针对智慧城市、医疗保健或金融行业，思考如何结合大数据处理技术解决实际问题。

实践

(1) 数据清洗。

学习如何使用Python、R或其他编程语言进行数据清洗。练习如何处理缺失值、异常值、重复值等。

(2) 数据抽取。

使用一种ETL工具进行数据的有效抽取。

第 4 章

数据统计与分析

数据统计与分析是一个广泛的领域，涉及收集、整理、解释和呈现数据以提取信息和洞察力。这些过程可以用于各种领域和目的，包括科学研究、商业决策、市场营销、医疗保健等。

数据统计涉及收集数据并使用统计方法进行总结和解释。这可能包括描述性统计（如平均值、中位数、标准差等）和推断性统计（如假设检验、置信区间等），以帮助理解数据的特征和变化。

数据分析是更广泛的过程，涉及利用统计方法和技术来识别模式、关系和趋势。这可以包括数据挖掘、机器学习、预测建模等技术，以发现数据中的隐藏信息，并做出推断或预测。

4.1 统计分析方法

统计分析方法是通过对数据进行整理、描述、分析和解释，从中推断出统计规律、趋势和关系的一种方法。它包括了描述性统计、推断性统计以及预测性统计等方面。统计分析方法是数据科学和决策制定的重要工具，在不同领域有广泛的应用。它有助于从数据中提取有用的信息和洞察，为决策提供科学依据。

分类、预测、聚类、关联和异常分析是数据挖掘中常用的技术方法，用于从数据中发现模式、关系和异常。

1. 分类

分类是将数据分为预定义的类别或标签的过程。它基于已有的训练数据集，利用分类算法来建立模型，然后对新数据进行分类。常用的分类算法包括决策树、支持向量机（SVM）、K 近邻（KNN）和神经网络等。

2. 预测

预测是根据历史数据的模式和趋势，对未来事件或数值进行预测的过程。回归分析、时间序列分析和机器学习方法（如线性回归、时间序列模型、深度学习等）是常用的预测技术。

3. 聚类

聚类是将数据集中相似的数据点分组到同一个簇内的过程，目标是使得同一簇内的数据点相似度高，不同簇之间的数据点相似度低。常用的聚类算法包括 K 均值聚类、层次聚类和 DBSCAN 等。

4. 关联

关联分析用于发现数据集中项目之间的关联规则和模式。它寻找数据中出现频率较高的物品集合之间的关联关系，常用的方法是 Apriori 算法和 FP-Growth 算法。

5. 异常分析

异常分析旨在识别与数据集中的大多数实例不同的异常实例。这种分析可以通过统计方法、机器学习算法（如离群点检测、异常行为检测）来实现，例如基于距离、密度或模型的方法。

4.2 数据挖掘

数据挖掘是从大规模数据中发现模式、关系、趋势和规律的过程，通过使用统计学、机器学习和人工智能等技术来分析数据，并从中提取有用信息的过程。数据挖掘的目标是发现数据中潜在的、有用的信息，并转换为可行的行动和决策支持。它是解决各种领域的问题、优化业务流程和提高效率的重要方法。

数据挖掘根据目标、方法和技术可以分为不同类型，并且在实践中需要经历一系列步骤来处理数据和提取有价值信息。

1. 数据挖掘的分类

(1) 监督学习。

使用带有标签的数据训练模型，使其能够预测未知数据的输出。常见任务包括分类和回归。

(2) 无监督学习。

使用未标记的数据进行模式发现和结构探索，包括聚类、关联规则挖掘和降维等任务。

(3) 半监督学习。

结合有标签和无标签的数据进行学习和预测。

(4) 强化学习。

通过试错学习,基于环境的反馈来优化决策,以达到特定的目标。

2. 数据挖掘的过程

(1) 数据收集。

收集数据来源,可能是数据库、文件、传感器等多种形式。

(2) 数据清洗与集成。

清理数据,去除噪声、处理缺失值和异常值,并整合数据以获得一致性。

(3) 数据转换与归约。

对数据进行预处理,包括规范化、特征选择和降维,以减少数据的复杂性和冗余。

(4) 模式发现与分析。

使用算法和技术挖掘数据中的模式、规律、趋势和关联。

(5) 评估与验证。

对挖掘结果进行评估和验证,检验模型的准确性和效果。

(6) 应用与部署。

将验证过的模型应用于实际问题中,做出决策或者预测未来事件。

数据挖掘是一个系统性的过程,需要经历多个步骤和阶段,通过合理的方法和技术,可以从数据中提取出有价值的信息,为决策提供支持和指导。

4.3 数据挖掘算法

数据挖掘算法是一系列用于从大规模数据集中提取有价值信息的计算方法。这些算法涵盖了多个领域,旨在揭示数据中的模式、趋势和关联性。数据挖掘算法的广泛应用使得组织能够更好地理解其数据、做出更明智的决策并挖掘潜在的商业机会。在日益增长的数据海洋中,数据挖掘算法就像一个寻找宝藏的工具,帮助人们从信息的浩瀚海洋中提炼出有用、可操作的见解。

以下是在数据挖掘和机器学习中常用的算法。

1. K-Means(K 均值)算法

类型:无监督学习算法。

功能:将数据集分成 K 个簇,每个簇内的数据点与其簇中心的距离最小化,簇中心代表了簇内所有点的平均值。

工作原理：迭代地将数据点分配到最近的簇，然后重新计算簇中心，直至簇内数据点不再变化或达到迭代次数。

2. KNN（K 最近邻）算法

类型：监督学习算法，可用于分类和回归问题。

功能：对于一个新的数据点，找出与其最接近的 K 个训练数据点，通过这些邻居的标签或数值，进行分类或回归预测。

工作原理：基于距离度量（如欧氏距离），选择最近的 K 个邻居作为预测的依据。

3. ID3（迭代二分器 3）算法

类型：决策树学习算法。

功能：从一系列属性中选择最佳属性来进行节点划分，创建决策树。通常用于分类问题。

工作原理：通过信息增益来选择最佳属性，将数据划分成子集，递归地构建决策树。

这些算法都在不同的应用场景中有着重要的作用。K-Means 算法用于聚类，KNN 算法用于分类或回归，而 ID3 算法则用于构建决策树进行分类。选择算法通常取决于问题的性质、数据的特征以及对模型的需求。

4.4 案例：大数据在文学分析中的应用

大数据技术在文学分析中有着许多有趣的应用。通过处理大规模的文学作品和相关数据，可以深入挖掘作品的内在信息、作者的写作风格、读者的反馈以及文学作品的影响力。其在文学分析中的应用为研究者提供了更深层次的洞察和理解，使得对文学作品、作者和文学史的研究更加全面和深入。通过结合文学研究和数据科学，可以发现许多新颖而有趣的见解。

4.4.1 情感分析和主题建模

1. 情感分析

利用大数据技术，可以深入分析阅读者对文学作品的情感倾向。社交媒体、评论和书评等文本数据是情感分析的重要来源，这些数据包含了读者对作品的情感、态度和观点。

这种分析可以帮助了解人们对特定作品的情感反应。通过分析大量评论和社交媒体中关于特定作品的文字内容，可以识别出人们对作品的喜爱、厌恶或者其他情感倾向。这种信息对于评估作品的受欢迎程度、了解读者的喜好以及作品的影响力具有重要意义。

情感分析还有助于出版和市场营销。通过了解读者的情感反应，出版商和市场营销团队可以更好地了解受众喜好，根据数据反馈调整宣传策略和推广方式，提高作品的知名度和销售量。

然而，情感分析也面临一些挑战。首先，情感分析的准确性受到文本内容的复杂性和语境的影响。有时，文本内容可能包含讽刺、隐喻或复杂的情感表达，这对算法的准确性提出了挑战。

2. 主题建模

主题建模是利用大数据技术进行文本挖掘的重要手段，它能够帮助人们深入了解文学作品中的主题和话题，并分析这些主题的变化和趋势。借助主题建模，人们能够更全面地理解作品的内涵和对读者的影响。

通过大数据技术，可以对大量文学作品进行文本挖掘和分析。通过算法和模型，能够识别出作品中的关键词、短语和主题。这有助于深入挖掘作品的内容，找出其隐藏的主题和意义。

主题建模不仅能够揭示作品的主题，还能够追踪这些主题的变化和趋势。通过对大量文本数据的分析，可以发现某些主题在不同时期或不同文学作品中的变化和共性，帮助理解作品所反映的时代背景和社会变迁。

这种分析对于文学研究和文化理解具有重要意义。通过对主题的建模和分析，能够更深入地理解作品所传达的思想、情感和文化内涵，从而更好地评价作品的质量和价值。

然而，主题建模也存在一些挑战。其中之一是语义理解的复杂性。文学作品中常常充满隐喻、比喻和复杂的叙事结构，这对算法的准确性和语义理解提出了挑战。

此外，主题建模还需面对数据规模和质量的问题。对于海量数据的处理和分析，需要高效的算法和大规模的计算资源，并确保数据的准确性和可靠性。

因此，要实现更精准和深入的主题建模，需要不断改进算法和模型，结合人工智能技术和人工智慧的辅助，解决复杂语义和数据质量带来的问题。只有持续不断地完善技术，主题建模才能更好地服务于文学作品的分析和解读。

4.4.2 风格和影响力分析

1. 风格分析

风格分析可以比较和分析不同作者的写作风格。通过大数据技术，可以量化分析作者的词汇使用、句法结构、主题偏好等方面的差异，进而帮助确定作者的独特性和文学影响力。

大数据技术可以处理大量的文本数据，包括来自不同作者的作品。通过算法和模型，可以提取并比较不同作者的文本特征。这种比较有助于识别作者的独特写作风格，例如某些作者可能更偏爱某些特定的词汇、句式结构或主题，这些都构成了他们独特的风格特征。

风格分析也有助于文学研究和作品鉴赏。通过对不同作者的风格分析，研究人员可以更好地理解不同作者之间的异同之处，揭示他们在文学上的贡献和影响。

此外，风格分析还可以应用于文学作品的身份鉴别。在一些争议性的文学作品的作者身份上，大数据技术的风格分析可以帮助学者和研究人员确定作品的真实作者，揭示文学历史中的一些未知或争议的事实。

然而，风格分析也面临一些挑战。首先，文学作品的风格特征可能受到时间、环境和文化背景等因素的影响，这使得准确识别和比较风格变得更加复杂。

另外，算法和模型的准确性和可靠性也是风格分析需要面对的问题。对于复杂、多样化的文本数据，需要更精准、更智能的算法和模型才能更准确地分析和识别作者的风格特征。

因此，风格分析需要在技术方法和理论框架上不断完善和提高。只有持续改进算法、结合多个维度的分析和不断提高数据质量，风格分析才能更好地服务于文学作品的分析和研究。

2. 影响力分析

借助大数据技术，可以分析作品在不同平台上的引用、评论、阅读量等数据，从而客观评估作品的影响力和受欢迎程度。通过对作品在各种平台上的数据进行收集和分析，可以获得作品受关注程度的客观指标。例如，作品在社交媒体上的转发量、评论数量，或者在网络文学平台上的阅读量等数据，都可以作为评估作品影响力的重要依据。

影响力分析对于文学作品的推广和传播具有指导意义。了解作品在不同平台上的受欢迎程度和影响力水平，可以为出版商、市场营销团队提供重要参考，有助于制订更精准的宣传策略和推广计划，提高作品的曝光度和传播效果。

不同平台数据的差异性和真实性是影响分析准确性的重要因素。不同平台数据的收集和统计方式可能存在差异，可能影响到对作品影响力的准确评估。

另外，数据的全面性和时效性也是影响分析结果的关键因素。有些平台的数据收集可能存在滞后或不完整的情况，这可能会影响到对作品影响力的全面评估。

因此，在进行影响力分析时，需要注意数据收集的全面性和准确性，选择可靠的数据来源并综合多个维度的数据进行分析。同时，结合其他因素如作者知名度、作品质量等综合评估作品的影响力，才能更全面、更客观地评估作品在文学领域的影响力和受欢迎程度。

4.4.3 文学趋势分析和关联分析

1. 文学趋势分析

大数据技术在文学领域的应用,不仅可以用于分析文学作品的个体特征,还能够深入研究文学的整体发展趋势。通过大数据技术,能够探索文学作品在不同时间段或不同流派之间的变化、关联和共性,从而揭示文学发展的趋势。

分析文学作品的演变和趋势可以帮助了解文学的历史脉络和演变过程。通过大数据技术,可以对大量不同时期、不同流派的文学作品进行整体分析和比较。这种比较有助于发现文学作品在风格、题材、表现手法等方面的变化和发展规律。

大数据技术还能够发现不同文学作品之间的关联和共性。通过对文本数据的分析,可以发现不同作品之间的共同主题、情感倾向或语言风格,揭示出文学作品之间的联系和互动,从而加深对文学发展趋势的理解。

此外,文学趋势分析也有助于预测未来的文学发展方向。通过对历史数据的分析,可以发现文学作品在特定条件下的发展规律,为未来文学的发展提供一定的参考和预测。

然而,文学趋势分析也面临着一些挑战。文学作品的多样性和复杂性使得对其进行全面、准确的分析变得复杂。作品的语义、隐喻、文化内涵等因素都会对分析结果产生影响,这需要更加精准和智能的算法与模型来解决。

因此,要实现更深入和全面的文学趋势分析,需要不断提高大数据技术在文本分析方面的准确性和智能化程度。只有结合深度学习、自然语言处理等技术手段,持续完善算法和模型,才能更准确地揭示文学发展的趋势和规律。

2. 关联分析

大数据技术在文学领域的应用,提供了对大量文学作品进行关联分析的可能性。这种分析能够揭示作品之间的联系、共同点以及潜在的关联,从而推动对文学作品的研究和理解。

关联分析通过运用自然语言处理和文本挖掘技术,系统地分析文学作品的关键词、情感色彩和主题,可以深入挖掘它们的内在联系。情感色彩分析有助于理解作品中的情感倾向,而主题建模和机器学习算法则可揭示不同作品之间的潜在模式和共性。通过构建作品之间的关系网络,能够呈现作品之间的引用、相似性等关联关系。

此外,关联分析也有助于发现文学作品的流派、风格和传承。通过大数据技术,可以对作品进行流派分类、风格相似性分析等,有助于了解特定作品在文学发展中的位置和影响。

关联分析对于文学作品的研究和理解有着重要的指导意义。它能够为文学研究者提供更全面的视角,帮助他们更好地把握文学作品之间的联系与区别,推动文学研究和解读向更深层次、更广泛范围的方向发展。

文学作品的多样性和复杂性使得关联分析变得复杂。作品的语言特点、文化背景、时代因素等都会对分析结果产生影响,这同样需要更加精准和智能的算法与模型来解决。

4.5 习题与实践

习题

(1) 研究一个特定的文学作品或作家,尝试收集其作品的数字化版本或文本数据。

(2) 进行情感分析,探索作品中不同段落或章节的情感倾向。

实践

(1) 分析不同作家或不同时期作品的语言模式,了解其演变和特点。

(2) 分析高频词汇对作品主题的贡献。

第 5 章

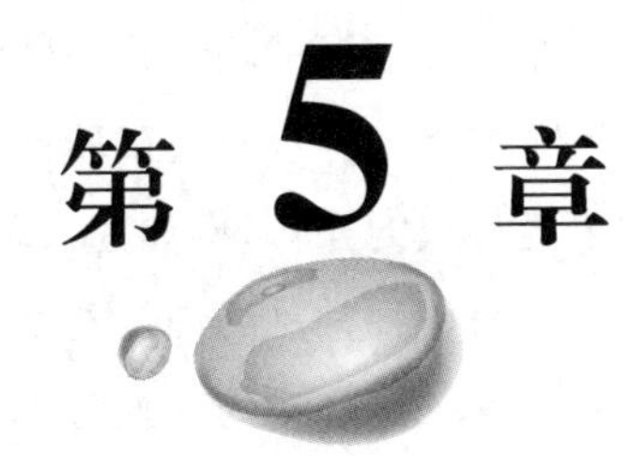

大数据安全与隐私

大数据安全与隐私是在大规模数据收集、存储、处理和共享过程中涉及的重要问题。随着技术的发展和数据规模的增长，确保大数据的安全性和保护个人隐私变得至关重要。大数据安全与隐私需要技术、政策和实践的综合考虑。平衡数据安全性和隐私保护，同时遵守法律法规，是确保大数据应用安全和合规的关键。

5.1 安全与隐私问题

安全与隐私问题在当今数字化时代愈发凸显。个人信息保护、网络安全以及数据隐私成为重中之重。从个人身份到在线交流，每方面都需谨慎对待。在网络上，确保个人身份和敏感信息的安全至关重要，而隐私设置和权限管理也应得到特别关注。此外，随着物联网的发展，对智能设备和跨境数据传输的安全性也需要更严格的监管和控制。维护安全与隐私不仅需要技术手段，更需要持续的警惕和合规意识。

5.1.1 网络安全漏洞

网络安全漏洞是指系统或软件中存在的潜在安全风险，可能被黑客或恶意用户利用来获取未授权的访问或控制系统。这些漏洞可能存在于操作系统、应用程序、网络协议或硬件设备中。

1. 常见的网络安全漏洞

一些常见的网络安全漏洞包括以下几种。

(1) 软件漏洞。

编程错误或设计缺陷可能导致软件存在漏洞，黑客可以利用这些漏洞进行攻击。这可能包括未经验证的输入、缓冲区溢出等。

未经验证的输入是一种常见的漏洞类型，指的是未对输入数据进行有效性验证的情况。如果软件没有正确验证用户或外部来源输入的数据，黑客可以利用这些输入来执行未经授权的操作，例如注入恶意代码或获取敏感信息。

另一种常见的漏洞类型是缓冲区溢出，这种漏洞通常发生在软件试图向缓冲区写入超出其预定容量的数据时。黑客可以利用这种漏洞，通过向程序输入超出预期长度的数据，覆盖了相邻内存空间，进而执行恶意代码或破坏系统稳定性。

(2) 弱密码和多因素身份验证。

弱密码往往容易被破解，因为它们可能简单、常见或者缺乏足够的复杂性。黑客可以使用密码破解工具，通过不断尝试常见密码、字典中的单词或数字组合，来获得系统的访问权限。

另外，缺乏多因素身份验证也使系统容易受到攻击。多因素身份验证需要用户提供多个身份验证要素，例如密码、生物特征识别、硬件令牌等。如果系统只依赖单一的身份验证方式，如仅依靠密码，那么黑客可以更容易地通过暴力攻击或社会工程学手段破解密码，进而获取系统的访问权限。

(3) 错误配置。

错误配置的权限设置、访问控制列表或不安全的默认设置可能会导致系统存在安全隐患，让未经授权的用户获取系统访问权限。这些配置错误可能导致系统中存在漏洞，被攻击者利用。

权限设置在系统安全中扮演着关键角色，但错误的配置可能会产生意想不到的后果。错误的权限设置可能会使未授权用户获得对系统资源的访问权限。例如，若管理员错误地分配了权限或开放了过多的访问权限，未经授权的用户可能会访问敏感数据或系统功能。

不安全的默认设置也是未经授权访问的一个来源。在系统初始配置中，若默认设置不安全，可能会为攻击者提供进入系统的突破口。这可能包括默认使用的通用用户名和密码、开放过多的服务或端口等。

(4) 缺乏更新和安全补丁。

缺乏更新和安全补丁是系统容易受到攻击的一个常见原因。操作系统、应用程序或其他软件的漏洞随着时间推移可能会暴露，黑客可能会利用这些已知漏洞来攻击系统。

未及时更新操作系统或应用程序可能意味着系统仍然存在已知漏洞。黑客可以通过利用这些未修复的漏洞来入侵系统，并在系统中执行恶意操作，获取权限或窃取敏感信息。

同样重要的是，缺乏安全补丁也是系统遭受攻击的一个因素。安全补丁通常是软件供应商发布的针对已知漏洞的修复程序。如果未能及时应用这些安全补丁，系统就容易受到攻击。

(5) 社交工程和钓鱼攻击。

社交工程和钓鱼攻击是利用人类心理和社会工作原理,通过欺骗手段获取敏感信息或入侵系统的一种方式。攻击者可能通过各种方式,包括电子邮件、电话、社交媒体等,冒充合法的实体或组织,诱使用户泄露个人信息或执行恶意操作。

社交工程攻击往往利用用户的信任心理,伪装成值得信赖的实体,如银行、政府机构或互联网服务提供商。攻击者可能发送虚假的电子邮件或信息,要求用户提供个人信息、密码或敏感数据,通过欺骗手段获取用户的信任,进而窃取信息。

另一种常见的是钓鱼攻击,攻击者可能伪造电子邮件或社交媒体信息,以诱导用户单击恶意链接或下载恶意附件。这些链接或附件可能包含恶意软件,一旦用户单击或下载,系统就可能遭到感染,导致数据泄露或系统被入侵。

(6) 零日漏洞。

零日漏洞是指软件开发者尚未发现或修复的漏洞,这使得黑客有机可乘,利用这些漏洞对系统进行攻击。这类漏洞由于尚未被软件开发者知晓,因此这类攻击具有很大的突发性与破坏性。

零日漏洞的危险性在于其未被公开或被软件开发者察觉,这意味着攻击者可能利用这些漏洞攻击系统,而系统管理员还没有相关的修复措施。攻击者可以通过利用零日漏洞来执行恶意代码、获取系统权限或窃取敏感数据,造成严重的安全威胁。

2. 预防网络安全漏洞的方法

预防网络安全漏洞的方法包括以下几种。

(1) 定期软件更新和补丁管理。

及时安装软件更新和补丁,确保系统和应用程序的安全性。安装更新的软件和补丁能够修复已知漏洞、增强系统的安全性,并提供对潜在威胁的防护。这一做法对系统安全至关重要。软件供应商经常发布新版本或补丁,用以修复先前版本中存在的安全漏洞或错误。定期安装这些更新能够及时防范黑客利用已知漏洞的攻击。延迟或忽视安装更新软件可能使系统易受攻击,因为攻击者可能利用这些漏洞入侵系统。

补丁管理也是系统安全的重要方面。此过程包括管理和跟踪软件补丁的发布、测试和部署。定期进行补丁管理能够确保系统的安全性不断得到加强,避免因未安装关键补丁而将系统暴露于潜在风险之中。

(2) 强化身份验证。

使用复杂的密码和采用多因素身份验证是加强身份验证安全性的有效方式。复杂的密码可以提高系统的安全性。强密码通常包含多个字符类型(字母、数字、特殊符号)

且长度较长，这样的密码更难以被破解。定期更改密码也是一种有效的做法，能够降低密码被盗用的风险。

多因素身份验证是另一个增强安全性的重要手段。这种验证方式不仅依赖于密码，还需额外的身份验证步骤，例如指纹识别、硬件令牌、短信验证码等。即使密码泄露，攻击者仍然需要其他因素才能成功登录，提高了系统的安全性。

强化身份验证能够有效减少未授权访问的风险。复杂密码和多因素身份验证使得黑客更难以窃取和利用用户的登录信息。这些措施为系统提供了额外的保护层，提高了系统抵御恶意攻击的能力。

(3) 安全审计和监控。

安全审计是对系统进行全面而系统化的审查，旨在检测并纠正潜在的安全漏洞。这种审计可以涵盖对系统配置、访问控制、日志记录和安全策略的评估，以确保系统的整体安全性。通过定期进行安全审计，可以有效发现系统中的弱点并及时进行修复，从而提高系统的整体安全水平。

通过实时监控系统的运行状态、访问日志和网络流量等，能够快速识别不正常的行为和潜在的攻击行为；及时响应异常情况，可以帮助阻止潜在的威胁并降低系统受到攻击的风险。

(4) 教育与培训。

教育与培训在提高网络安全意识和防范社交工程与钓鱼攻击方面发挥着关键作用。通过对员工和用户进行网络安全培训，能够增强其识别潜在的网络安全威胁和攻击手段的能力，进而提高他们的警惕性和应对能力。

网络安全意识培训涵盖了很多方面，包括识别威胁的常见迹象、安全密码的设置、如何识别和应对钓鱼邮件或社交工程攻击等。这些培训不仅提供了基本的安全知识，也提醒员工和用户在日常的网络使用中应该注意的安全问题，增强了他们面对潜在威胁时的警惕性。

培训的关键在于定期进行并不断更新内容。随着网络安全威胁形式的不断演变和改变，员工和用户需要不断接受新的知识和技能培训，以保持对新型威胁的应对能力。定期的培训可以巩固安全意识，并提高员工和用户在面对各类网络安全挑战时的反应速度和准确性。

通过教育和培训，员工和用户将更了解如何保护自己和公司的信息安全。他们将学会辨别各种威胁，并学习正确的应对方法，提高了整体安全防护体系的韧性和有效性。

5.1.2 隐私泄露

隐私泄露是指个人敏感信息或私人数据在未经授权的情况下被泄露或暴露给他人

或公众。这可能是由于技术安全漏洞、人为失误、恶意行为或组织内部的安全问题导致的。对于企业和个人而言，保护隐私是非常重要的。通过采取有效的安全措施和遵循最佳实践，可以降低隐私泄露的风险。

1. 隐私泄露涉及的情况

隐私泄露可能涉及以下情况。

(1) 个人信息泄露。

个人信息泄露涉及个人身份信息(如姓名、地址、电话号码、社交安全号码)、财务信息或医疗记录等敏感数据的意外泄露。

(2) 数据泄露。

数据泄露涉及公司或组织内部的敏感数据(如客户数据、商业机密、财务报表)未经授权地外泄。

(3) 互联网服务的隐私问题。

一些互联网服务可能收集和分享用户数据，未经用户同意就泄露了他们的信息。

2. 隐私泄露可能导致的后果

隐私泄露可能导致以下后果。

(1) 身份盗窃和欺诈。

泄露的个人信息可能被用于进行身份盗窃、诈骗或其他恶意行为。

(2) 声誉和信任损失。

对于企业或组织来说，隐私泄露可能损害其声誉和用户信任，导致客户流失。

(3) 法律责任。

根据不同国家和地区的保护隐私法律法规，隐私泄露可能导致组织面临法律责任和罚款。

3. 预防隐私泄露的方法

预防隐私泄露的方法包括以下几种。

(1) 加强安全意识和培训。

为员工提供关于隐私保护的培训，让他们了解敏感信息的重要性，并教育他们如何处理和保护这些信息。

(2) 数据分类和标记。

对数据进行分类和标记，明确指出哪些数据是敏感的，有助于确保适当的保护措施得到实施。

(3) 访问控制和权限管理。

确保只有授权人员能够访问敏感数据，并且需要按需进行访问控制，即只允许需要的人访问必要的信息。

(4) 数据加密。

使用加密技术对存储在数据库、服务器或传输中的敏感数据进行加密,即使数据泄露,也难以被解读。

(5) 定期安全审计和监控。

实施安全审计程序,定期监控系统和数据访问,及时发现异常活动并采取行动。

(6) 安全更新和漏洞修复。

及时安装软件更新和补丁,以修复已知漏洞,防止黑客利用已知漏洞入侵系统。

(7) 合规性和隐私政策。

遵守适用的法律法规,制定和实施符合隐私法规的隐私政策,并与合规团队合作。

(8) 采用安全开发最佳实践。

在开发软件和应用程序时,考虑安全性,遵循安全编码标准和最佳实践。

(9) 响应和应对措施。

制定明确的通知程序,包括如何、何时以及向谁通报事件。这包括受影响的个人、公司管理层、外部合作伙伴和客户等。

5.2 大数据时代的安全挑战

在大数据时代,随着数据量和数据价值的不断增长,安全挑战也变得更加复杂和严峻。数据时代的安全挑战需要综合技术、政策和人力资源的共同努力。在大数据时代,数据的广泛应用和不断增长带来了复杂的安全挑战。隐私保护成为关键,随着大规模数据的收集和存储,个人信息的安全性面临着更大的威胁。同时,数据安全和保护也备受关注,防范数据泄露、未经授权访问和恶意攻击成为当务之急。复杂的数据生态系统和数据集成共享带来了权限控制和安全管理上的难题。采取综合的安全措施和保护手段,建立一个安全可靠的数据环境是至关重要的。

5.2.1 信息安全历程

信息安全历程涵盖了从信息技术出现到现今复杂数字化环境下的演变和发展。以下是信息安全历程的关键里程碑。

1. 起步阶段

初期,信息安全的关注点主要是物理安全,包括保护计算机和数据中心免受未经授权的物理访问。

2. 密码学和安全技术的发展

逐渐出现了密码学技术，例如最早的凯撒密码等，用于加密和保护通信内容。随着时间推移，加密技术不断发展，包括对称加密、非对称加密和哈希算法等在内的常见加密技术，成为信息安全的基石。

3. 网络时代的兴起

互联网的普及使得信息安全成为关注的焦点。网络安全问题开始凸显，包括恶意软件、网络攻击和黑客行为等。

4. 法规和标准的制定

国际组织和行业开始建立信息安全标准和框架，例如 ISO 27001 等，为组织提供了信息安全管理的指导原则。

5. 云计算时代的安全挑战

云计算技术的普及带来了新的挑战，涉及在云环境中的数据安全、访问控制、身份验证等问题。

6. 大数据时代的安全演进

大数据的快速发展使得数据安全和隐私保护成为焦点，涉及数据存储、处理和分析中的安全挑战和隐私问题。

信息安全历程是一个不断演变和适应的过程，在技术和威胁不断变化的环境下，信息安全需要持续演进并应对不断涌现的新挑战。

5.2.2 云计算的安全挑战

云计算的快速发展带来了许多新的安全挑战。随着数据在云环境中的传输和存储增加，数据隐私和合规性成为首要问题。适当的访问控制、身份验证和数据加密变得至关重要，以防止未经授权的访问和信息泄露。共享资源的安全性也面临挑战，因为多用户共享云基础设施可能导致资源隔离不严。选择可信赖的云服务提供商、加强灾备和可用性机制以及提高安全性的可见度和透明度也是解决云计算安全挑战的关键。综合来看，强化的安全策略、技术措施和用户教育是解决这些挑战的关键步骤。

云计算的兴起带来了许多新的安全挑战，主要涉及以下方面。

1. 数据隐私和保护

数据在云环境中的存储和传输增加了数据和隐私泄露的风险。确保数据加密、安全传输以及访问控制成为重要挑战。

2. 访问控制和身份验证

在多租户云环境中,确保适当的访问控制和身份验证,以防止未经授权的访问和数据泄露。

3. 云服务提供商的安全性

选择可信赖的云服务提供商至关重要,确保他们提供的云服务有严格的安全措施、监控和合规性。

4. 共享资源的安全

多个用户共享云服务资源可能会引发安全问题,如"邻居攻击",需要隔离和保护用户之间的数据。

5. 数据备份和恢复

云环境下的数据备份和恢复策略需要考虑数据的完整性、可用性和安全性。

6. 合规性和监管要求

在云环境中处理数据需要遵守不同地区的法规和合规性要求,这可能对数据处理和存储方式产生影响。

7. 应用程序安全

保护在云上部署的应用程序免受漏洞利用和恶意攻击,确保应用程序本身的安全性也是一个挑战。

5.3 解决大数据安全问题

解决大数据安全问题是当今数字化时代中至关重要的任务。随着大数据的不断增长和应用范围的扩大,保护数据的安全性和完整性成为企业和组织不可避免的挑战。数据的安全不仅关乎个人隐私和机密性,也涉及企业竞争优势和声誉的保护。确保数据不被未授权访问、泄露或遭到破坏,需要综合的安全策略和技术手段,涵盖加密保护、访问控制、持续监控等多方面。只有通过这些措施,才能有效应对不断演变的安全威胁,为数据提供可靠的保护,使其在处理和共享过程中始终保持安全性和可信度。

5.3.1 安全防护对策

安全防护对策是保护系统、网络和数据免受潜在威胁的重要手段,包括以下措施。

1. 访问控制和身份验证

建立严格的访问控制措施,确保只有授权用户可以访问系统和敏感数据。利用多因素身份验证提供额外的保护层。

2. 数据加密

对数据进行加密处理，无论是在传输过程中还是在存储中，以确保即使数据被窃取，也无法被轻易解读。

3. 漏洞管理和补丁更新

及时修补系统和应用程序的漏洞，保持系统和软件的最新状态，以减少潜在的安全风险。

4. 安全意识培训

对员工进行定期的安全培训，提高其对潜在威胁的认识，并进行最佳的安全实践，以减少人为错误引起的风险。

5. 实时监控和日志记录

建立实时监控系统，监测系统和网络活动，及时识别并应对异常行为。同时，定期记录并审查系统日志，以发现潜在的安全问题。

6. 强化网络安全防御

使用防火墙、入侵检测系统(IDS)、入侵防御系统(IPS)等技术加固网络安全，及时发现和阻止恶意攻击。

7. 备份和灾难恢复

制定可靠的数据备份策略，并建立有效的灾难恢复计划，确保在数据丢失或灾难发生时能够快速恢复数据并保证正常运行。

5.3.2 关键技术

大数据安全与隐私涉及一系列关键技术，以保护数据安全和隐私，并有效应对安全威胁。以下是一些关键技术。

1. 加密技术

数据加密是保护数据安全的重要手段，包括对数据传输和存储进行加密，确保即使数据被窃取也无法被轻易解读。对称加密、非对称加密和哈希算法是常见的加密技术。

2. 访问控制和身份验证

严格的访问控制和身份验证机制确保只有授权用户才能够访问敏感数据，通过多因素身份验证提高数据访问的安全性。

3. 数据脱敏和匿名化

数据脱敏技术能够消除或隐藏数据中的敏感信息，以保护个人隐私。匿名化技术则是在数据中去除个人身份信息，使得数据分析难以追溯到具体的个人。

4. 安全计算

安全计算涉及在不暴露原始数据的情况下进行计算和分析。安全多方计算和同态加密等技术可实现在加密数据上进行计算而不暴露敏感信息。

5. 数据分类和标记

将数据进行分类和标记，对数据进行分类后再进行处理，以保护敏感信息，同时确保数据可用性。

6. 安全监控与审计

建立安全监控系统，实时监测数据访问和处理的活动，并进行审计，以检测异常行为和违规操作。

7. 区块链技术

区块链技术的分布式、不可篡改和加密特性使其成为确保数据完整性和可信性的有效手段，适用于数据溯源和交易记录。

5.4 解决隐私保护问题

解决隐私保护问题是当今数字化时代中至关重要的任务。采用数据匿名化、严格的访问控制和权限管理，以及合规性遵从等关键技术和政策措施，旨在保护个人隐私并确保数据处理合法合规。通过教育和培训提高员工的隐私保护意识，同时利用数据安全技术，如加密和安全传输，保障数据在处理和传输过程中的安全性。此外，透明度和用户控制也至关重要，让用户能够更好地控制其数据的使用和共享。这些综合性的措施有助于有效应对隐私保护问题，确保个人隐私得到充分尊重和保护，同时促进数据的安全、合法和合理使用。

5.4.1 政策法规

解决隐私保护问题涉及遵守和制定相关政策法规，其中一些关键方面包括：

1. 隐私法规和法律框架

遵守适用的隐私法律，如《通用数据保护条例》《个人信息保护法》等，确保数据处理（包括数据收集、存储、处理和共享）符合法律要求。

2. 数据合规性

对数据收集和处理活动进行合规性评估，并确保符合隐私法规的要求，如明确告知个人数据使用目的并获得明确同意。

3. 隐私披露和透明度

向用户透明披露数据收集和使用政策，包括数据类型、处理方式和共享情况，让用户清楚地了解其数据的去向和用途。

4. 数据主体权利保护

尊重数据主体的权利，包括提供数据访问、更正和删除的权利，允许个人对其个人信息的管理和控制。

5. 安全标准和合规性要求

遵守安全标准和合规性要求，确保数据的安全性和保密性，防止数据泄露和未经授权的访问。

6. 国际数据流转规则

针对跨境数据流转，遵守国际数据传输规则和适用的法规要求，确保数据的安全性和合法性。

7. 数据保护官或合规团队

设立专门的数据保护官或合规团队，负责监督和实施隐私保护措施，确保组织内部对隐私政策的合规性。

以上涉及的政策法规的遵守和实施，能够为个人隐私提供有效保护，确保数据处理合法合规，并提高组织对数据隐私和安全的重视程度。

5.4.2 隐私保护技术

隐私保护技术涉及多种方法和工具，旨在确保个人数据在处理、存储和传输过程中的安全性和隐私保护。以下是一些常见的隐私保护技术。

1. 数据加密

加密技术是保护数据安全和隐私的关键手段。数据加密包括对数据在传输和存储时进行加密，确保即使数据被窃取也无法被轻易解读。常见的加密包括对称加密和非对称加密。

2. 数据脱敏和匿名化

通过对数据进行脱敏和匿名化，隐藏或转换个人身份信息和敏感数据，以保护隐私。

3. 访问控制和权限管理

建立严格的访问控制机制，确保只有授权人员才能够访问敏感数据，采用身份验证、权限分级等技术来限制对数据的访问。

4. 差分隐私技术

差分隐私通过向查询结果中添加噪声来保护数据隐私，使得即使拥有统计查询结果的人也无法得知个别数据的情况。

5. 同态加密

同态加密允许在加密状态下进行计算，无须解密即可对数据进行操作，从而确保数据在处理过程中仍然保持加密状态。

6. 安全多方计算

安全多方计算是一种协议，允许多个参与者在不暴露私密信息的情况下进行计算，确保数据隐私性。

7. 区块链技术

区块链的去中心化、不可篡改和加密特性使其成为确保数据完整性和可信性的有效手段，适用于数据溯源和交易记录。

8. 安全数据处理工具

各种安全数据处理工具和平台，如安全数据分析工具、安全数据存储系统等，可以帮助确保数据在处理和存储过程中的安全性和隐私保护。

这些隐私保护技术的应用能够在数据处理和共享中有效地保护个人隐私，同时确保数据安全和合规性。不同的技术可能适用于不同的场景和需求，组织可以根据实际情况选择合适的技术来保护数据隐私。

5.5 案例：百度大数据安全实践

百度公司非常重视大数据应用过程中的安全保障，在安全方面形成了统一的大数据安全框架，通过在数据全生命周期各环节实施安全技术和管理机制，为大数据平台和用户数据提供安全保障。

百度大数据平台具备基础的系统安全、安全管理，以及以数据安全分级机制为核心的数据安全架构。数据安全架构包括安全审计、安全控制和安全加密三部分，并采用安全分级机制(分为基础级和可选级)。百度大数据平台的安全架构如下。

1. 系统安全和安全管理

系统安全和安全管理在百度大数据平台中扮演着至关重要的角色。这一基础安全机制涵盖了多方面的措施，包括网络隔离、访问控制、入侵检测等，旨在保障大数据平台的安全性、稳定性和可靠性。

网络隔离是确保系统安全的重要一环。通过建立严格的网络隔离机制，将大数据平台划分为多个安全域，防止不同区域之间的未经授权访问和数据泄露，确保各项数据的安全性。

访问控制是系统安全的另一个关键措施。百度大数据平台采用了严格的访问权限管理策略，确保只有经过授权的用户才能访问相应的数据和资源，防止未经授权的访问和操作。

入侵检测是保障系统安全的重要手段之一。通过部署专业的入侵检测系统和技术手段，对系统进行实时监控和分析，及时发现和阻止潜在的安全威胁与攻击，确保系统的安全性和稳定性。

此外，系统安全还包括数据加密和安全传输。对于敏感数据，采用加密技术对数据进行加密处理，在数据传输和存储过程中保障数据的完整性和保密性，防止数据被未经授权的人员获取。

定期的安全审计和漏洞扫描也是保障系统安全的重要手段。通过对系统进行定期的安全审计和漏洞扫描，及时发现潜在的安全隐患和漏洞，并进行修复和加固，提高系统的抗攻击能力和安全防护能力。

应急响应机制也是系统安全的重要组成部分。建立完善的安全事件应急响应流程，对于安全事件能够迅速响应和处置，最大限度地减少安全事件对系统造成的影响。

持续改进和创新也是确保系统安全的重要途径。面对不断变化的安全威胁和攻击手段，持续进行安全技术研究和创新，提高系统安全防护能力和应对能力。

百度大数据平台通过系统安全和安全管理机制的建立与完善，全面提升了系统的安全性和稳定性，保障了大数据平台的可靠运行和数据安全。

2. 数据安全架构

数据安全架构在整个大数据体系中具有至关重要的地位。它不仅涉及数据的采集、存储、处理、传输、使用和销毁等环节，还承担着保障数据安全性的重要任务，对于整个大数据系统的安全性和稳定性具有关键性影响。

首先，数据安全架构需要建立完善的数据采集机制。通过安全的数据采集技术和方法，确保从各个数据源采集的数据在传输过程中不被篡改或泄露，保障数据的完整性和保密性。

其次，安全的数据存储是数据安全架构的核心环节之一。采用安全的存储技术和加密手段，确保数据在存储过程中的安全性，防止数据被非法获取或篡改。

数据处理环节也需要考虑安全因素。建立健全的数据处理策略和安全算法，对数据进行加密、脱敏或匿名化处理，确保数据在处理过程中不被泄露或窃取。

此外，安全的数据传输是保障数据安全的重要环节之一。采用加密传输技术，保障数据在传输过程中的安全性，防止数据被截获或篡改。

数据使用环节也是数据安全考量的重点。建立严格的访问控制和权限管理机制，确保只有授权人员才能访问和使用数据，防止数据被未经授权的人员使用。

最后，数据销毁同样是数据安全架构中重要的一环。建立安全的数据销毁机制，对于不再需要的数据进行安全销毁，确保数据不会在销毁过程中留下任何安全隐患。

除此之外，定期的安全审计和漏洞扫描也是确保数据安全的重要手段。通过对数据安全架构的定期审计和检测，及时发现和修复潜在的安全隐患和漏洞。

同时，建立健全的安全管理体系，制定相关的安全管理规范和制度，加强安全意识培训和教育，提高相关人员对数据安全的重视和防范能力。

百度数据安全架构在整个大数据系统中占据着重要位置。通过建立完善的数据安全策略和措施，确保数据在采集、存储、处理、传输、使用和销毁等环节的安全，有效保护数据的隐私和完整性。

3. 安全审计

当涉及数据安全时，审计是确保系统稳健性的重要一环。百度大数据平台的审计体系不仅是全面的，而且注重透明度，让所有数据操作都在监控之下。这意味着即便是最微小的变动也不会逃脱监测，所有行为都会被记录并能够被追溯，这种实时的监控机制使得潜在的问题可以被迅速发现。这样的举措为安全问题的及早解决提供了关键的支持。

这种全面审计并非仅仅停留在表面，它超越了简单的监视功能，更强调对于数据操作的深度分析和评估。百度大数据平台不仅追踪谁在何时访问数据，还能够审查数据操作的内容和目的。这种精细的审计机制可以帮助发现非正常行为或潜在的漏洞，甚至预防未来可能出现的安全问题，从而有效地提升整体系统的安全性。

对于大数据平台来说，及时地处理问题尤为关键。审计不仅仅是被动记录和监视，更是主动预警和响应。一旦发现异常行为或者潜在威胁，系统会迅速发出警报并采取必要的措施来控制可能的风险。这种实时响应意味着即使在最短的时间内也能够防止安全问题的扩大，保护数据的完整性和安全性。

这种审计机制也为合规性和法律要求提供了强大的支持。通过全面记录和监控数据操作，大数据平台能够提供确凿的证据，以应对潜在的法律纠纷或审计检查。这种透明度和可追溯性不仅是对于数据安全的内部保障，也是对外展现的信任和可靠性的体现。

值得注意的是，这种全面审计并不意味着侵犯用户隐私。百度大数据平台在审计时严格遵循隐私保护原则，只关注和记录必要的数据操作信息，而非涉及个人隐私内容。这种平衡了安全审计与用户隐私的处理方式，保障了数据的安全性，同时也尊重了用户的隐私权。

安全审计是百度大数据平台安全保障体系的重要组成部分。通过全面、透明和实时的监控与审查，平台不断加强对于潜在安全问题的预防和应对能力。这种审计机制不仅是对系统安全的保障，更是对用户信任的坚实支撑，为大数据应用提供了可靠的安全保障。

4. 安全控制

安全控制通过多重手段确保数据的全面保护。身份认证是其中至关重要的一环，只有经过验证的用户才能够获取访问权限。这意味着每个数据操作都要经过身份验证的严格程序，有效地避免了未经授权的访问，是保障数据安全的首要步骤。

而访问控制则进一步巩固了数据安全的防线。即使是经过身份认证的用户，也只能在其权限范围内进行数据访问和操作。这种精细的权限控制确保了敏感数据只被授权人员访问，避免了信息的泄露或误用。这种分层次的访问控制也大大降低了潜在安全风险的可能性。

数据加密是另一个不可或缺的安全控制手段。百度大数据平台采用先进的加密技术，将数据转换为密文，即使在传输或存储过程中，数据也无法被未授权的人所解读。这种加密保护在数据传输和存储的各个环节都得到了应用，为数据的安全性提供了强有力的保障。

更进一步，百度大数据平台在安全控制方面也实行了严格的监控与审查。即便是经过身份认证和访问控制的合法用户，其操作依然会被记录和监控。这种审查机制有助于发现潜在的安全风险或异常行为，保障了数据的完整性和安全性。

此外，安全控制也需要不断演进和更新。随着安全技术的不断进步和威胁形式的变化，百度大数据平台持续改进安全控制策略，更新加密算法和访问控制机制，以应对不断变化的安全挑战。这种持续的技术更新和改进保证了平台安全性的持久性和可靠性。

另一个重要的方面是安全控制的灵活性。面对不同用户需求和应用场景，百度大数据平台提供了灵活的安全控制配置选项。用户可以根据自身情况定制合适的安全策略，灵活调整访问权限和加密方式，最大限度地满足个性化的安全需求。

安全控制并不是独立存在的，它与平台的其他安全措施相辅相成。与审计相结合，安全控制构建了一个多重防线的安全体系，确保数据安全得到全面保障。

总体而言，安全控制是百度大数据平台保障数据安全的重要支柱。通过身份认证、访问控制、数据加密等手段，平台构建了多层次、多维度的安全保护体系，为用户数据提供了可靠的安全保障。

5. 安全加密

百度大数据平台所采用的高级加密算法是确保数据安全性和完整性的关键工具。这些算法不仅仅是对数据进行表面上的保护，更是在技术层面上确保了数据的安全。通过对数据进行加密存储，即使在存储设备被非法获取的情况下，也无法窃取数据内容，这种安全层级是数据安全的第一道防线。

而加密传输则是保障数据在传输过程中的安全的关键。无论是内部数据传输还是与外部系统的通信，所有数据都经过加密处理，保证了数据在传输过程中不被窃取或篡改。这种加密传输的机制为数据的安全传递提供了重要的保障，尤其在信息传递的不安全环境下。

这些高级加密算法不仅仅是普通加密手段，更是经过深度考量和实践验证的安全技术。这意味着百度大数据平台在选择加密算法时，考虑了算法的安全性、可靠性和实用性。这种严谨的选择保证了数据加密的可信度和有效性，使得数据即便在遭受攻击时也能保持相对的安全性。

然而，随着计算能力的增强和攻击技术的进步，安全领域也在不断演进。百度大数据平台持续跟进最新的安全技术和加密算法，及时更新和升级加密措施，以确保数据的安全性不受外界因素的影响。这种持续的技术更新保证了加密机制的强壮性和持久性。

重要的是，对于加密密钥的管理也至关重要。百度大数据平台采用严格的密钥管理策略，确保加密密钥的安全存储和传输。只有授权人员才能访问和管理密钥，这样的措施避免了密钥被泄露导致数据安全受到威胁的情况的发生。

通过高级加密算法、密钥管理和持续技术更新，平台保证了数据在存储和传输中的安全性和完整性。这种安全加密机制为用户提供了信心，确保其数据在平台上得到最佳的保护。

5.6 习题与实践

习题

(1) 选择一些真实的数据泄露或安全问题案例进行分析，了解问题出现的原因、影响和解决方案。

(2) 深入了解个人数据保护的法规和政策，思考如何将这些法规应用到现实生活或组织中。

(3) 研究不同的加密技术和安全策略，思考哪些情况下使用哪种技术可以更好地保护数据。

(4) 尝试进行一次隐私影响评估，了解数据处理可能对个人隐私产生的影响。

(5) 设计一份针对员工或用户的安全意识教育材料，包括关于隐私保护的最佳实践和应对安全威胁的方法。

实践

(1) 在自己的系统或应用中实施数据加密，并测试不同加密算法的效果和性能。

(2) 设计一个权限管理系统或实践项目，确保只有授权人员才能够访问特定的数据和功能。

(3) 尝试使用数据脱敏技术处理一些敏感数据，了解如何使数据匿名化，同时保持数据的有用性。

(4) 尝试使用一些隐私保护工具或平台，了解如何利用这些工具来增强数据安全和隐私保护。

(5) 设计一个安全监控系统的配置方案，监控系统和数据的活动，并识别潜在的安全威胁。

第 6 章

数据可视化

数据可视化是将抽象的数据转换为图表、图形或其他可视化形式的过程，旨在通过视觉化的方式展示数据，以便更直观、更易于理解和分析。它能够将大量的数据信息以简洁而生动的方式呈现，使人们能够更快速地捕捉到数据的关键信息、趋势和规律。

数据可视化不仅仅是将数据呈现出来，更是一种沟通和解释数据的工具。通过选择合适的图表类型、运用适当的颜色和标签、提供清晰的标题和注释，数据可视化能够帮助观众更好地理解数据背后的故事，发现数据中的隐藏信息，并支持更明智的决策和行动。

无论是商业报告、科学研究、市场分析还是其他领域，数据可视化都扮演着重要的角色，使数据变得更加生动、易于传达和理解。它为我们提供了一种强大的方式来探索数据，发现新的见解，并在信息爆炸的时代更好地理解世界。

6.1 数据可视化的类型

数据可视化的类型多种多样，涵盖了科学可视化、信息可视化和可视分析学等多个领域。科学可视化注重呈现科学领域的复杂数据，如天文学、医学或气象学中的三维模型和体积数据，帮助科学家揭示数据中的结构和模式。信息可视化更专注于呈现商业、统计或社交领域的数据，通过图表、图形和交互式界面以清晰、简洁的方式传达信息，帮助用户理解数据背后的模式和关联。可视分析学结合了科学可视化和信息可视化，利用交互式工具探索和分析大规模数据，助力用户发现隐藏在数据中的见解，支持深入的数据分析和决策制定。不同类型的数据可视化有助于在各个领域更好地理解和利用数据，提供了多种途径让数据更加清晰和直观地呈现。

6.1.1 科学可视化

科学可视化是一种通过视觉手段将科学数据转换为图像、图表或动画等形式的过程。它主要应用于科学领域，包括天文学、地球科学、生物学、医学等，旨在帮助科学家、研究人员和决策者更好地理解和解释复杂的科学现象和数据。

这种可视化技术能够将大量的数据、模拟结果、观测数据或模型呈现为易于理解和分析的形式。举例来说，在天文学中，科学可视化可以展示星系的分布、行星轨道、宇宙演化等复杂数据；在生物学中，它可以用于展示分子结构、生物系统的互动过程或基因组数据的分析。

科学可视化通常涉及高级的图形处理和计算机生成图像技术，借助计算机图形学、数值模拟和数据处理等技术手段，将抽象和庞大的数据转换为直观、可交互的视觉表现形式。这种可视化方式能够帮助科学家更深入地理解数据中的模式、趋势和关联，也为科学研究提供了更有力的工具和方法。

科学可视化的发展不仅为科学研究提供了新的视角和工具，也在教育、科普以及与公众分享科学发现等方面发挥着重要作用。通过图像和动画形式展示科学数据，使得复杂的科学概念更容易被理解和接受，促进了科学知识的传播和交流。

6.1.2 信息可视化

信息可视化是将抽象的数据或信息转换为图形化或图像化形式的过程，旨在通过视觉化方式更直观地呈现信息，以便用户更容易理解和分析数据。

这种可视化形式通常用于商业、统计、社交网络等领域，通过图表、图形、地图、仪表盘或交互式界面等方式展示数据，使复杂的数据和信息更具可读性和易于理解性。

信息可视化能够帮助人们发现数据中的模式、趋势和关联，为决策制定、发现问题、探索数据提供了有力的工具。举例来说，在商业领域，信息可视化可以用来展示销售数据、市场趋势、财务指标等，帮助企业了解业务状况并做出策略性决策。在统计学中，它可以用来呈现各种统计数据，如柱状图展示不同地区的销售量、折线图展示时间序列的趋势等。

信息可视化的目标是以最直观和易于理解的方式呈现数据和信息，提供更深入的洞察力和更好的决策支持。随着技术的不断发展，交互式信息可视化也越来越受到关注，用户可以通过交互方式操控数据可视化，自行探索数据并获取所需信息。

6.1.3 可视分析学

可视分析学是一种结合了可视化技术和分析方法的学科领域，旨在通过交互式可视化工具探索和分析大规模数据，帮助用户从数据中发现模式、趋势和关联，并支持更深入的数据分析和决策制定。

这种方法不仅仅注重数据的可视化呈现，更重要的是利用人的视觉和感知能力，通过交互式手段,让用户参与到数据分析的过程中。可视分析学将可视化技术与数据挖掘、统计分析、机器学习等分析方法结合起来,使用户能够在探索数据的同时进行更深入的分析和发现。

通过可视分析学,用户可以在大量数据中快速识别出模式和异常,探索数据的多维度关系,更深入地理解数据的内在规律,并据此做出更加准确和全面的决策。这种方法的应用范围非常广泛,涉及商业智能、科学研究、医疗保健、金融分析等多个领域,为用户提供了强大的工具和方法来更好地理解和利用数据。

总体来说,可视分析学旨在通过交互式、多维度的数据可视化与分析方法相结合,为用户提供了一种更加深入、直观、全面理解数据的手段,助力用户做出更明智的决策。

6.2 数据可视化的流程与步骤

数据可视化通常涵盖了明确目标和需求、数据收集与准备、选择合适的可视化类型、设计创建可视化图表、添加交互和动态效果、评估和调整,最后分享和发布的关键步骤。从理解数据到最终展示,这些步骤帮助确保数据以清晰、直观的方式呈现,满足用户需求,并为决策制定提供有力支持。

6.2.1 数据处理

数据处理是将数据经过清洗、转换、整理、分析等一系列操作,以便更好地理解、存储、分析和利用数据的过程。这个过程包括以下主要步骤。

1. 数据清洗

清洗数据对于确保数据质量至关重要。删除重复项是其中的一项基本任务,确保数据集中的信息唯一性。此外,填补缺失值也是关键步骤之一。这可能涉及使用均值、中位数或其他统计方法来填充缺失的数据,以保持数据集的完整性和可用性。

纠正错误数据也是数据清洗过程中的关键环节。这可能包括对错误格式、不一致的数据类型或其他数据错误进行校正。通过规范化数据格式和类型,确保数据的一致性和准确性,提高数据可信度和可用性。

另一个重要的任务是处理异常值。异常值可能对分析和建模产生负面影响,因此需要识别和处理。这可能包括将异常值替换为合适的数值或对其进行修正,以保持数据集的准确性和稳定性。

数据清洗过程中也需要注意保留数据的原始信息。尽管清洗数据是为了提高数据质量,但同时也需要确保清洗过程不会丢失或改变数据的本质。因此,在清洗过程中保留原始数据的备份是至关重要的,以便在需要时进行参考或回溯。

此外,数据清洗并非一次性任务,而是一个持续的过程。随着数据的不断更新和收集,可能会出现新的错误、缺失或异常值,因此需要定期对数据进行清洗和维护,以确保数据的质量和可靠性。

有效的数据清洗不仅仅是简单地清理数据,更是确保数据能够为后续分析和应用提供可靠的基础。通过清洗数据,可以有效减少数据分析过程中的误差和偏差,提高数据分析的准确性和可信度,从而产生更可靠的决策和洞察力。

数据清洗是数据处理的必要步骤,通过删除重复项、填补缺失值、纠正错误数据和处理异常值等措施,确保数据的质量和可靠性,为后续数据分析和应用打下坚实的基础。

2. 数据转换

数据转换有助于使数据更具可分析性和可用性。格式化是其中的一项关键任务,确保数据采用统一的格式和标准,便于后续处理和分析。通过统一数据格式,降低了数据处理的复杂性,提高了数据的可读性和可操作性。

归一化是另一个重要的数据转换操作,特别适用于具有不同量纲或尺度的数据。这种操作有助于消除不同特征之间的量纲影响,使得数据更适合用于一些需要对数据进行比较和加权处理的算法和模型中。

离散化也是数据转换过程中常用的技术之一。它将连续型数据转换为离散型数据,将数据划分为不同的类别或区间,有助于简化数据处理和分析。通过离散化,可以降低数据处理的复杂性,提高数据的可解释性和可用性。

另外,数据转换还可能涉及数据的规范化处理。这种处理可以将数据缩放到特定的范围或标准化,有助于使得不同特征之间具有相近的数值范围,使得模型在处理时更加稳定和准确。

在进行数据转换时,保留原始数据的信息也至关重要。尽管转换数据是为了提高数据处理的效率和准确性,但也需要确保转换后的数据能够保留原始数据的核心信息。因此,在数据转换过程中需要谨慎处理,确保转换操作不会导致信息的丢失或失真。

数据转换也是一个灵活的过程,不同的数据和分析目的可能需要不同的转换方法。因此,在进行数据转换时,需要根据具体情况选择合适的转换方式,以满足数据分析和应用的需求。

最终,数据转换是为了使数据更适合分析和应用,通过格式化、归一化、离散化等操作,提高了数据的可解释性、可操作性和可分析性。这种转换为数据分析提供了更好的基础,有助于发现数据背后的模式,支持更准确和有效的决策和预测。

3. 数据整理

数据整理是将来自多个来源的数据进行统一、清晰组织的过程。合并数据集是数据整理的重要环节之一,将来自不同源头的数据整合到一个数据集中。这样的整合有助于综合利用多个数据源的信息,为后续的分析和应用提供更全面的数据基础。

在合并数据的过程中,消除冗余是至关重要的。去除重复、冗余的数据项或数据集,有助于简化数据结构,减少存储空间的占用,并提高数据操作的效率。这种去重的操作使得数据更精简,更易于管理和分析。

此外,统一数据模式也是数据整理的关键目标。当不同数据源的数据结构不一致时,可能需要进行数据转换或规范化,以适应一致的数据模式。这有助于确保数据的一致性和可比性,使得不同数据源的数据可以进行有效的对比和关联。

数据整理也包括对数据进行清洗和预处理的步骤。在整理数据之前,可能需要对数据进行清洗,处理错误、缺失或异常的数据,从而确保整理后的数据集质量更高,准确性更可靠。

另一个重要的任务是确保数据整理过程中不会丢失关键信息。在合并、转换或清洗数据的过程中,需要注意保留数据的关键特征和信息,以确保数据整理后的数据集仍然能够保留原始数据的核心内容和价值。

数据整理也是一个持续不断的过程。随着数据的更新和收集,可能会有新的数据源加入或需要对现有数据进行更新,因此需要不断对数据进行整理和维护,以确保数据集的完整性和时效性。

最终,数据整理是为了使得多源数据能够以一致、清晰的形式存在,便于后续的分析和应用。通过合并数据、消除冗余、统一数据模式等操作,确保数据集的完整性和一致性,为数据分析和应用提供更可靠、更全面的数据基础。

4. 数据分析

数据分析是数据处理的关键步骤,旨在从数据中提取洞察和信息。描述性统计是其中的一个重要工具,通过对数据的整体特征进行总结和描述,包括均值、中位数、标准差等统计指标,帮助理解数据的基本特征和分布情况。

数据挖掘是另一种常用的分析方法,旨在从大量数据中发现隐藏的模式或关系。通过各种算法和技术,数据挖掘可以揭示数据中的规律性信息,包括分类、聚类、关联规则等,为决策和预测提供支持。

机器学习是数据分析领域的重要分支,通过构建模型和算法,让机器能够从数据中学习并做出预测或决策。监督学习、无监督学习和强化学习等不同类型的机器学习方法,可以应用于预测、分类、聚类等不同领域,提供了强大的数据分析工具。

此外,数据可视化也是数据分析中不可或缺的一环。通过图表、图形和可交互的展示方式,将数据呈现出直观、易懂的形式,帮助人们更好地理解数据模式、趋势和关联,支持决策制定和问题解决。

数据分析不仅仅是对数据进行简单的处理,更是为了从数据中获取深层次的见解和价值。通过分析数据中的模式、关联和趋势,可以发现潜在的问题和机会,为业务决策和战略规划提供有力支持。

然而,数据分析也需要谨慎对待。需要对分析结果进行验证和评估,确保分析的准确性和可信度。数据分析是数据处理的关键环节,通过描述性统计、数据挖掘、机器学习等方法,从数据中挖掘出有价值的信息和见解。这种分析过程不仅有助于理解数据,还能够为决策和创新提供可靠的依据和支持。

5. 数据存储和管理

数据存储中选择合适的数据库或数据仓库是关键之一。根据数据的类型、规模和使用需求,选择适合的存储方式,可能涉及关系数据库、NoSQL 数据库或数据湖等不同形式,以满足数据存储和管理的需求。

数据安全性是数据存储和管理中的首要考虑因素。采取安全措施保护数据的隐私和完整性至关重要。数据加密、访问控制和身份验证等技术可以有效保障数据不被未授权访问,确保数据安全存储和管理。

另一个关键方面是数据的备份和恢复。建立完善的数据备份机制可以预防数据丢失或损坏,确保即使在意外情况下也能够迅速恢复数据,保证业务的连续性和稳定性。

有效的数据管理也需要考虑数据的可访问性和可用性。确保授权用户能够方便、快速地访问需要的数据,提高数据利用率,是有效的数据管理策略之一。同时,也需要确保数据的质量和准确性,保证数据在存储和管理过程中的一致性。

数据存储和管理也需要不断的优化和更新。随着数据的不断增长和业务需求的变化,可能需要扩展存储容量、优化数据结构或更新存储技术,以满足不断增长的数据管理需求。

另外,遵循数据存储和管理的最佳实践也是至关重要的。制定合适的数据管理政策和流程,确保数据存储和管理的合规性和规范性,有助于提高数据管理的效率和可靠性。

数据存储和管理是保证数据长期价值的关键环节。通过选择合适的存储方式、保障数据安全性、确保数据的可访问性和完整性,有效地管理数据,为业务决策和创新提供可靠的数据基础。

数据处理是数据分析的前提和基础,确保数据的质量、完整性和适用性。正确的数据处理流程能够提供高质量、可靠的数据基础,为进一步的分析和决策提供支持。

6.2.2 视觉编码

视觉编码是将数据属性映射到视觉属性的过程,用于在图表或可视化中呈现数据。

它是将数据值转换为图形的规则,使得人们可以通过图表直观地理解数据。

在数据可视化中,视觉编码通过选择不同的视觉属性(如位置、形状、大小、颜色、明暗度等)来表示数据的不同属性。

1. 位置编码

位置编码将数据值映射到坐标轴的位置。例如在折线图中,横轴表示时间,纵轴表示数值大小。

2. 颜色编码

颜色编码使用不同颜色来表示不同类别或数值的差异。在热力图中,颜色的深浅表示数值的大小。

3. 形状和大小编码

形状和大小编码通过不同的形状或大小来表示数据的类别或数值大小。在散点图中,点的大小和形状可以表示不同的数据属性。

4. 明暗度编码

明暗度编码利用明暗度的差异来表示数值的高低或密度的变化。在密度图中,颜色深浅表示数据的密集程度。

视觉编码的选择要基于数据属性和呈现信息的目的。有效的视觉编码能够使数据更易于理解和比较,并传达更多信息,而不同的编码方式可能产生不同的视觉效果和信息传达效果。

6.2.3 统计图表

统计图表是用于将数据以图形化形式展示的工具,通过各种图表类型呈现数据,帮助人们更直观、更清晰地理解数据的特征、模式和趋势。以下是常见的统计图表类型。

1. 柱状图

柱状图用于比较不同类别之间的数据,每根柱子代表一个类别,柱子的高度表示数据的大小。

2. 折线图

折线图用于展示数据随时间或其他连续变量的变化趋势,通过连接数据点呈现数据的变化。

3. 饼图

饼图将数据按比例分割成扇形,显示每部分在整体中的占比情况,适合展示相对比例关系。

4. 散点图

散点图用于展示两个变量之间的关系,每个点代表一个数据观察结果,可用于发现数据的相关性或趋势。

5. 箱线图

箱线图展示数据的统计分布,包括中位数、四分位数、异常值等,有助于了解数据的离散程度。

6. 直方图

直方图用于展示数据的分布情况,将数据划分为多个连续的区间并显示每个区间内数据的频数或频率。

7. 热力图

热力图通过颜色的变化展示数据的密集程度,常用于展示数据的热度或相关性。

8. 雷达图

雷达图将多个变量在同一图表上以射线状的方式展示,便于比较不同类别之间的差异。

这些统计图表类型各有特点,选用合适的图表类型要根据数据的性质、所要传达的信息以及受众的需求来确定。有效的统计图表能够直观地呈现数据特征,帮助人们更好地理解和分析数据。

6.3 可视化评估

可视化评估是数据科学和分析中至关重要的一环。通过利用图形和图表等视觉工具,能够更直观地探索数据、识别模式、评估模型性能,并从中提炼出有价值的见解。这种方法不仅有助于理解数据的特征和趋势,还能为决策提供直观的支持,同时更好地沟通和传达复杂数据的含义和发现。在各种可视化工具的支持下,能够根据需求选择合适的图表类型,有效地解读数据,并从中获取信息。

6.3.1 评估分类

分类评估是指对分类模型的性能进行评估和衡量的过程。在机器学习和数据科学中,分类模型用于预测数据点所属的类别或标签。评估分类模型的性能是确保模型有效性和可靠性的关键步骤。

常见的分类评估指标如下。

1. 准确率

准确率是分类正确的样本数占总样本数的比例，是最常见的评估指标，但在不平衡数据集中可能存在局限性。

2. 精确率

精确率衡量被模型预测为正类别的样本中真正为正类别的比例，关注的是模型的预测准确性。

3. 召回率

召回率衡量实际为正类别的样本被模型正确预测为正类别的比例，关注的是模型发现所有正类别样本的能力。

4. F1 Score

F1 Score(F1 分数)是精确率和召回率的调和平均数，综合考虑了这两者，适用于不平衡数据集。

5. ROC 曲线与 AUC 值

ROC 曲线以假阳率为横轴，真阳率为纵轴；AUC 表示 ROC 曲线下的面积，用于衡量分类器的性能。

6. 混淆矩阵

混淆矩阵显示实际类别与模型预测类别之间的对应关系，有助于直观理解模型的分类情况。

评估分类模型时，通常会根据具体情况选择适合的评估指标。例如，如果对误分类的代价很高，可能更关注召回率；而在一些平衡数据集中，准确率可能是一个更好的指标。

在实际操作中，可以使用交叉验证、训练集和测试集的划分、网格搜索等技术来评估不同分类模型，并根据评估结果选择最佳模型及参数。

6.3.2 评估方法

评估方法在数据分析、机器学习和统计建模中是至关重要的，它们用于衡量模型的性能、数据的质量以及解决问题的有效性。以下是几种常见的评估方法。

1. 交叉验证

交叉验证将数据集划分为训练集和验证集，多次训练模型并在不同的数据子集上进行验证，以减少过拟合和对模型性能的过度依赖。

2. 留出集验证

留出集验证将数据集分成训练集和独立的测试集，训练模型后使用测试集来评估模型性能。这种方法简单易行，但数据划分可能会对模型评估结果产生影响。

3. 自助法

自助法通过有放回地重复抽样生成多个数据集样本，用于训练和评估模型，可以更好地评估模型的稳定性和健壮性。

4. 网格搜索和交叉验证的组合

网格搜索和交叉验证的组合通过交叉验证来评估模型在不同参数组合下的表现，结合网格搜索寻找最佳参数配置。

5. 指标评估

指标评估使用特定的评估指标来衡量模型性能，如准确率、精确率、召回率、F1 分数等。

6. 重采样技术

重采样技术包括上采样、下采样、SMOTE 等技术，用于处理不平衡数据集，改善模型对少数类别的预测能力。

7. ROC 曲线和 AUC 值

ROC 曲线和 AUC 值用于评估二分类问题的模型性能，根据不同的阈值比较模型的假阳率和真阳率。

8. 混淆矩阵

混淆矩阵显示模型预测结果与实际结果之间的对应关系，有助于直观了解模型的分类情况。

选择合适的评估方法取决于问题的性质、数据集的大小和特征，以及所使用模型的类型。结合多种方法进行综合评估通常能够更全面地了解模型或分析的效果。

6.4 习题与实践

习题

(1) 给定不同类型的数据(如时间序列、分类数据、地理空间数据等)，选择最适合展示这些数据的可视化图表类型。

(2) 根据特定的数据场景或问题，提供数据集并要求选择和解释最合适的可视化类型。

（3）提供一个数据集，并要求按照数据可视化的流程进行：数据准备、探索性数据分析、设计与创建可视化、解释与改进。

（4）给定一份已创建的可视化图表，要求分析其创建过程，并评估其质量与改进空间。

（5）提供已创建的可视化图表，并要求根据评估指标（如清晰度、准确性、易读性等）对图表进行评估。

（6）给定不同版本的可视化图表，要求比较其优缺点，并提出改进建议，从而提高可视化的质量。

实践

（1）提供不同类型的数据集或场景，要求使用工具（如 Matplotlib、Seaborn 等）绘制特定类型的可视化图表（如折线图、柱状图等）。

（2）提供一个真实或模拟的数据集，要求根据数据集特征进行数据清洗和准备，并创建相应的可视化图表。

（3）给定一组可视化图表，要求选择合适的评估指标来评估图表的质量，并解释评估结果。

第7章

大数据与社交媒体融合

大数据与社交媒体的融合将两者的优势相结合，塑造了新时代信息社会的面貌。社交媒体的兴起带来了巨大的用户交互和数据生成，而大数据技术的发展则赋予了社交媒体更强大的数据处理和分析能力。这一融合不仅改变了用户体验，也深刻影响着商业、社会和文化的发展。

社交媒体的崛起使得人们能够更广泛地连接和分享信息。用户在社交媒体上发布内容、参与互动、建立社交网络，每个行为都产生着海量的数据。而大数据技术的发展让社交媒体平台得以处理和分析这些庞大的数据流，从而深入洞察用户喜好、行为趋势和社交关系。

大数据与社交媒体的融合不仅促进个性化体验，而且成为商业发展的重要助力。通过分析社交媒体数据，平台能够实现精准的个性化推荐、定向广告投放，提高用户参与度和满意度。这种数据驱动的个性化体验已成为用户期待的标准，同时也为企业提供了更精准的市场洞察和营销策略。

这种融合也带来了数据隐私和信息安全等方面的挑战与反思。大数据在社交媒体中的运用引发了关于数据隐私和个人信息保护的重要讨论。平衡数据利用和隐私保护，成为社交媒体发展的重要议题，需要技术、政策和伦理等多方面的综合考量和规范。

7.1 社交媒体概述

社交媒体是一种通过互联网和移动设备让用户进行内容创建、共享、交流和互动的平台。它已成为人们日常生活中不可或缺的一部分，改变了沟通、信息传播和社交互动的方式。

社交媒体利用互联网和移动技术构建的平台，允许用户创建、分享和交流各种形式的内容，并建立互动的社交网络。其发展始于互联网的普及和 Web 2.0 技术的兴起，逐步演变成为一种影响深远的信息交流和社交方式。

1. 定义与特点

(1) 用户生成内容。

社交媒体允许用户创造和分享内容，包括文字、图片、视频等，从个人生活片段到专业知识分享。

(2) 互动和社交。

这些平台提供了多种交互方式，如评论、点赞、分享、关注等，用户之间可以实时互动和社交。

(3) 全球性和实时性。

社交媒体具有全球性和实时性，用户可以跨越地域和时区，随时获取信息并与他人进行互动。

2. 发展历程

(1) Web 2.0 时代的兴起。

社交媒体的发展始于 2000 年后的 Web 2.0 时代，互联网技术的发展促进了用户参与和内容创造。

(2) 社交网络的兴起。

21 世纪 00 年代中期，社交网络平台如 Facebook、LinkedIn 等崭露头角，推动了社交媒体的发展。

(3) 视觉内容的流行。

随着移动设备和高速网络的普及，图片和视频分享平台兴起，视觉内容成为主流。

(4) 多元化发展。

社交媒体发展趋势多样化，包括专业知识分享、实时视频、即时通信等。

3. 影响和未来

(1) 信息传播和影响力。

社交媒体改变了信息传播和舆论影响的方式，成为重要的舆论平台和营销渠道。

(2) 隐私和安全挑战。

用户隐私和数据安全成为关注的焦点，需要平衡个人隐私与平台服务的需求。

(3) 人工智能和个性化体验。

未来发展可能涉及更多人工智能技术的应用，实现更个性化、智能化的用户体验。

社交媒体已成为当今社会日常生活中不可或缺的一部分，对于人们的社交、信息获取和文化交流起到了重要作用，未来其发展趋势将更加多元化和智能化。

7.2　社交媒体大数据分析与挖掘

社交媒体大数据分析与挖掘指的是利用大数据技术对社交媒体平台产生的海量数据进行分析、挖掘和应用。这种分析有助于理解用户行为模式、趋势，发现隐藏在数据背后的有价值信息，并用于个性化推荐、舆情监测、营销策略等方面。社交媒体大数据分析与挖掘在商业和社会领域有着广泛的应用，但也面临着数据质量、隐私保护和信息处理等挑战，需要综合考量技术、法律和伦理等多方面因素。

基于用户、关系和内容的大数据分析则是指利用大数据技术和方法，对用户行为、用户间关系网络以及内容数据进行深入挖掘和分析。这种分析方式有助于理解用户特征、社交关系模式和内容特征，为个性化推荐、社交网络分析和信息传播研究提供支持。

1. 用户分析

(1) 用户特征分析。

用户特征分析通过用户行为数据分析，探索用户的兴趣、偏好、活跃度和行为模式，帮助了解用户群体特征。

(2) 用户生命周期分析。

用户生命周期分析对用户在社交媒体平台上的参与过程进行分析，包括注册、活跃、流失等阶段，了解用户行为变化和参与模式。

(3) 用户分类和聚类。

用户分类和聚类基于用户特征进行聚类分析，将用户划分成具有相似特征和行为模式的群体，为精准定制和目标营销提供依据。

2. 关系分析

(1) 社交网络结构分析。

社交网络结构分析研究用户间的社交关系网络结构，包括社交网络密度、节点中心性等指标，了解社交网络的整体结构。

(2) 影响力分析。

影响力分析识别社交网络中的关键节点和影响者，分析他们的影响力和信息传播能力，有助于识别关键意见领袖。

(3) 社交圈群体分析。

社交圈群体分析发现社交媒体中的社群或群体，分析他们的行为特征和相互关系，了解社交媒体中的群体行为规律。

3. 内容分析

(1) 内容主题挖掘。

内容主题挖掘分析用户发布的内容，利用自然语言处理技术识别主题、话题和关键词，了解内容的热点和趋势。

(2) 情感分析。

情感分析对内容进行情感倾向分析，了解用户对特定话题或产品的情感态度，发现用户情感偏好和趋势。

(3) 内容互动分析。

内容互动分析用户对内容的互动行为，包括评论、分享、点赞等，了解内容的传播程度和影响力。

4. 方法与技术

(1) 机器学习和数据挖掘算法。

机器学习和数据挖掘算法包括聚类、分类、关联规则挖掘等算法，用于发现用户和内容数据中的模式和规律。

(2) 自然语言处理技术。

自然语言处理技术用于处理和分析文本数据，进行情感分析、主题识别等。

(3) 图分析算法。

图分析算法用于分析社交网络结构和用户间关系的算法，识别关键节点和社交圈。

基于用户、关系和内容的大数据分析是社交媒体领域的重要研究方向，它不仅有助于理解用户行为和社交网络结构，也为个性化推荐、舆情监测等应用提供了深入分析的基础。

7.3 社交媒体大数据的未来挑战

社交媒体大数据分析与挖掘在商业和社会领域有着广泛的应用，但也面临着数据质量、隐私保护和信息处理等挑战，需要综合考量技术、法律和伦理等多方面因素。社交媒体大数据在未来发展面临着多方面的挑战，这些挑战涉及数据处理、隐私保护、信息真实性以及技术和伦理等方面。

1. 数据处理与分析

(1) 数据量与多样性。

社交媒体平台生成的数据庞大且多样化，对数据的高效处理和分析提出了挑战，需要更强大的处理能力和算力。

(2) 实时性需求。

随着社交媒体数据的实时生成,对于实时处理和分析的需求增加,需要更快速的数据处理技术和实时分析平台。

2. 隐私和安全问题

(1) 用户隐私保护。

社交媒体平台需要更严格地保护用户数据隐私,遵守隐私法律法规,并采取技术手段确保用户数据安全。

(2) 数据滥用和泄露。

数据滥用和泄露可能导致用户信任危机,需要加强数据安全措施和监管,防止数据被不当使用或泄露。

3. 信息真实性和可信度

(1) 虚假信息和谣言。

社交媒体上存在大量虚假信息和谣言,需要有效的算法和技术手段识别和过滤虚假信息,确保信息的真实性。

(2) 算法偏见和公平性。

推荐算法可能存在偏见,导致信息茧房效应和推荐不公平性,需要监管和优化算法,保证信息的公正性。

4. 技术和伦理问题

(1) 伦理和法律问题。

社交媒体数据使用涉及伦理和法律问题,需要平衡数据应用与用户权益保护,建立更严格的数据使用规范和法律监管。

(2) 技术发展与适应性。

社交媒体平台需要不断适应技术发展和变革,不断优化数据分析方法和工具,以应对不断变化的挑战。

面对这些挑战,社交媒体平台需要采取综合性的措施,包括技术创新、政策法规完善以及用户教育等方面的努力,来应对日益复杂的社交媒体大数据环境中的挑战。

7.4　社交媒体大数据信息安全问题

社交媒体大数据信息安全问题在当今数字化时代备受关注。首先,用户个人数据隐私泄露风险引起了广泛担忧,社交媒体平台所涉及的个人信息可能因系统漏洞或网络攻击而受到威胁。其次，社交媒体上大量存在的虚假信息和滥用用户数据的情况是日益严重的挑战，可能导致用户信息的不实使用或商业性滥用。这些问题的解决需要社交媒体平台制定更为严格的隐私政策与数据使用规范，并采取有效的加密技术保障用户数据在传输和存储过程中的安全性。维护用户隐私和确保信息真实性将是社交媒体大数据信息安全不可或缺的方面。

为解决这些问题，社交媒体平台需要着力于制定更加严格的数据保护措施，确保用户数据的安全性和隐私。同时，技术的不断提升也是解决这些挑战的重要途径，加密技术、安全认证以及实时监测等技术手段将成为保障用户数据安全的重要保障。在这个数字化时代，用户的隐私权和数据安全是社交媒体平台应当高度重视和保护的核心价值。信息风险治理方案需要综合考虑多方面，包括技术、政策和管理层面的措施。

1. 风险识别与评估

(1) 风险评估。

通过风险评估工具和流程，识别潜在的信息安全风险，并对其进行定性和定量评估，确定风险的严重程度和可能影响范围。

(2) 漏洞扫描和威胁建模。

运用漏洞扫描工具和威胁建模技术，识别系统中存在的安全漏洞和威胁，以提前预防和规避潜在风险。

2. 风险管理与控制

(1) 制定风险管理策略。

设立明确的风险管理策略和流程，包括风险应对方案、预防措施和应急响应计划，以降低风险发生的可能性和影响程度。

(2) 数据加密与访问控制。

采用加密技术确保数据传输和存储的安全性，并设定严格的访问权限和控制措施，以防止未授权访问和数据泄露。

3. 治理与监督

(1) 建立信息安全管理体系。

制定完善的信息安全管理制度和规范，建立信息安全管理体系，包括培训、审计和监督机制，确保全员参与信息安全。

(2) 持续改进和监督。

定期进行安全漏洞扫描、安全演练和评估，不断改进和完善信息安全措施，并建立持续的监督和反馈机制。

信息风险治理需要全员共同参与，不仅是技术上的措施，更需要管理层的支持和政策的制定，以确保信息安全措施的有效性和持续性。

7.5　习题与实践

习题

(1) 风险管理案例分析。

提供真实案例，要求分析案例中的信息安全风险，给出风险评估报告，并提出改进建议。

(2) 模拟网络攻击。

创建模拟网络环境，要求充当攻击者角色，以了解攻击者思维和方法，并提出针对性的防御方案。

(3) 安全策略制定练习。

要求制定一份完整的信息安全策略，包括风险评估、预防措施和应急响应计划等内容。

实践

(1) 持续安全意识培训。

设置定期的信息安全培训课程，针对新技术和威胁进行更新，提高对信息安全风险的认识。

(2) 漏洞修复实践。

建立团队漏洞修复流程，包括发现漏洞以及报告、修复漏洞，最后进行系统全方面的漏洞扫描验证，以确保系统的安全性。

(3) 模拟应急响应演练。

定期进行模拟应急响应演练，检验应急响应团队的准备情况，发现问题并提高应对能力。

第 8 章

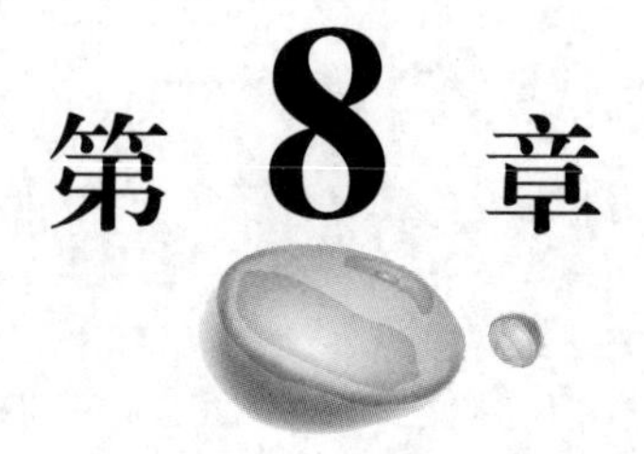

大数据在医疗领域的应用

大数据在医疗领域的应用正在推动医疗行业向前迈进。首先,大数据技术为医疗提供了更精准的诊断和治疗方案。医疗机构可以利用大数据分析患者的临床数据、基因组学信息和医疗影像等多维度数据,辅助医生制定个性化的诊疗方案,提高治疗效果和患者生存率。

它助力医疗研究和创新。通过分析庞大的医疗数据集,研究人员可以发现新的治疗方法、疾病模式和药物反应趋势,促进新药研发和医学知识的更新,为医学领域的科学进步提供强大支持。

在医疗管理和决策方面也发挥关键作用。通过分析患者健康状况、疾病分布、资源利用情况和疾病流行趋势,医疗管理者可以优化医疗资源配置、提高医疗服务质量,并及时响应突发公共卫生事件,提高医疗体系的应变能力。

8.1 医疗病历的问题与挑战

医疗病历所面临的问题与挑战是多方面的。首先,数据碎片化和互通难题导致医疗信息的分散存储和共享困难,使得患者的完整病历难以整合,限制了医疗数据的综合利用。其次,隐私和安全风险是一个重要问题,医疗病历中包含敏感的个人健康信息,确保数据安全和隐私保护成为挑战。此外,手写病历转换为数字化格式和数据标准化,以及如何促进患者参与管理自己的医疗数据,也是需要解决的难题。医疗病历问题的解决需要综合考虑技术、政策和行业合作,以促进医疗数据的共享与安全,提升医疗信息管理的质量和效率。

8.1.1 病历共享

病历共享是医疗领域中的重要概念,旨在促进不同医疗机构之间的医疗信息共享和交流，以提高医疗服务的质量和效率。然而，实现病历共享面临一些关键挑战和问题。

1. 数据隐私与安全

医疗信息包含敏感的个人健康数据，因此隐私和安全性是共享病历时的首要考虑因素。确保患者数据的安全存储、传输和访问，防止未经授权的数据泄露和滥用，是关键挑战之一。

2. 数据标准化与互操作性

医疗系统或机构使用的数据格式和标准可能不一致，导致数据交换和共享困难。实现数据的标准化和互操作性，使不同系统之间的数据能够有效交流和共享，是一个需要解决的技术难题。

3. 法律和监管合规性

医疗数据涉及的法律法规和监管要求因地区和国家而异。在数据共享过程中需要遵守相关的法律法规，保障数据共享的合法性和合规性，同时确保患者的隐私权得到充分尊重。

4. 文化与合作

医疗机构之间的文化差异和合作意愿也是病历共享的挑战之一。建立跨机构的信任和合作关系，以及制定共同的数据共享标准，需要进行有效的沟通和协商。

克服这些挑战需要技术、政策和行业合作。标准化数据格式、加强数据安全措施、制定明确的法规指导以及推动医疗行业文化的转变，都是实现病历共享的关键步骤。有效的病历共享有助于提高医疗服务水平和患者治疗效果，但必须在确保隐私和安全的前提下进行。

8.1.2　责任意识

责任意识是个人或组织对自身行为或决策所承担后果的认知和重视程度。在医疗领域，责任意识至关重要，涉及患者安全、医疗质量和诚信等方面。

1. 患者安全和医疗质量

医务工作者需对患者安全和医疗质量负起责任。这包括正确执行治疗流程、准确记录病历信息、遵循标准操作程序、及时沟通和反馈等，以确保患者获得安全、高质量的医疗服务。

2. 诚信和专业

医务人员需要保持诚信和专业精神，遵循医疗伦理、行业规范和法律法规，坦诚地向患者沟通治疗信息、风险和预期结果，确保患者对治疗方案有全面的了解。

3. 持续学习和改进

具备责任意识的医护人员会持续学习、更新知识，并参与专业培训，以提高个人和团队的专业水平。同时，他们也会反思实践经验，从错误中吸取教训，改进医疗实践，以提升服务质量。

4. 数据保护和隐私

对于处理患者信息的医疗从业者来说，对数据保护和隐私的责任意识也至关重要。严格遵循相关法规、保障患者信息的安全和隐私是医疗行业的基本要求。

责任意识不仅体现在个人层面，也涉及整个医疗系统的运作。建立起全员责任意识的文化，将有助于提升整个医疗行业的服务质量和效率，维护患者利益，推动行业健康发展。

8.2 大数据与电子病历

大数据与电子病历息息相关，其相互融合对医疗领域产生了深远影响。首先，大数据技术的应用为电子病历管理带来了革命性变革。通过对大规模电子病历数据的分析，医疗机构可以发现潜在模式和规律，实现个性化医疗，为患者提供更精准的诊疗方案。

大数据的运用促进了医疗决策的科学化。医生可以依托电子病历中的大数据分析结果做出更具实证依据的诊断和治疗决策，提高了医疗服务的准确性和效率。这一融合也面临挑战。数据安全与隐私保护、数据标准化和质量的保障等问题是需要解决的难题。

8.2.1 电子病历的大数据定义与应用

电子病历大数据指的是医疗机构或系统中收集的大规模、高复杂度的病人医疗数据。这些数据涵盖了病人的临床信息、诊断结果、治疗方案、用药记录、实验室检查结果等，是以电子形式记录的病历信息。这些数据量庞大、多样化，并且包含着丰富的病人健康相关信息。

利用电子病历大数据，可以进行各种应用。

1. 临床决策支持

临床决策支持系统基于大数据分析和人工智能技术的结合，成为医疗领域一项革命性的进步。这些系统能够在医生进行诊断和治疗方案制定时提供关键信息和建议，为患者提供更加个性化、精准的医疗服务。

首先，大数据分析技术能够处理和分析来自多个来源的海量医疗数据。这些数据包括患者的病历记录、临床试验数据、医学文献以及实验室检测结果等。通过对这些数据的分析，系统能够提取有用的信息并帮助医生做出更准确的诊断。

其次，结合人工智能技术，这些系统能够学习和改进。利用机器学习和深度学习等技术，系统能够不断优化算法和模型，从而提供更为精确和可靠的医疗建议。这种学习能力使得系统能够随着时间的推移而不断进步，提供更优质的服务。

临床决策支持系统还能够帮助医生进行疾病诊断。通过对大量的病例进行比对分析，系统可以辅助医生确定患者可能患有的疾病类型，缩短诊断时间，并提供参考的治疗方案。

此外，这些系统还能为制定治疗方案提供指导。通过结合患者的临床数据、基因信息和病史等多方面信息，系统可以生成个性化的治疗建议，帮助医生制定更符合患者需求的治疗方案。

在医疗决策中，这些系统也在提供风险评估方面发挥作用。通过对患者病情的全面分析，系统可以辅助医生评估治疗方案的风险，并提供可靠的数据支持，帮助医生做出更科学的决策。

同时，临床决策支持系统还为医学研究提供了巨大的帮助。它们能够对医学数据进行整合和分析，挖掘出新的治疗方法和疾病治疗方案，推动医学研究的进步。

临床决策支持系统的发展为医疗服务提供了前所未有的个性化和精准化。基于大数据分析和人工智能技术，这些系统将成为医疗领域重要的辅助工具，为医生的决策提供可靠的数据支持，提升医疗服务的质量和效率。

2. 疾病预测与预防

通过大数据分析，可以识别潜在的疾病风险因素、流行病模式，帮助医疗机构和公共卫生部门制定预防策略。

3. 药物研发与安全性监测

分析病人的用药记录和治疗效果，有助于了解药物的有效性和安全性，指导新药开发和药物使用。

4. 医疗资源管理

通过大数据分析，优化医疗资源的分配和利用，提高医疗服务效率，降低成本。

5. 个性化医疗与预测性维护

基于大数据分析，可以为病人提供个性化的治疗方案和预防建议，实现对潜在健康问题的早期干预和管理。

然而，要有效利用电子病历大数据，需要克服一些挑战，如数据隐私和安全性、数据标准化和互操作性、数据质量等。

8.2.2 电子病历共享、追溯、数据挖掘

电子病历的全面利用涉及三个重要方面：共享、追溯和数据挖掘。共享指的是医疗数据在不同机构之间的交流，有助于提高医疗服务的连续性和质量。追溯则着重于审查特定事件或治疗历史，帮助了解患者的病情进展和治疗效果。数据挖掘则利用先进技术从庞大的医疗数据中发现潜在模式、预测风险或优化治疗方案。然而，这些方法的应用需要平衡数据隐私保护、合规性和数据准确性，以确保患者隐私安全，遵循法规和伦理准则，并保证挖掘到的信息有效可靠。

当涉及电子病历管理时，以下是关键的方面。

1. 电子病历共享

整合不同医疗机构的病历信息，使医生可以跨机构访问和分享患者数据。提升诊断和治疗连续性，减少信息断层，提高医疗决策的全面性。

2. 追溯功能

记录和追踪患者的治疗历史和病情变化，有助于医生全面了解患者状态。促进医疗机构的内部管理和事后审查，为医疗流程的优化提供支持。

3. 数据挖掘应用

分析大量病历数据，发现潜在的疾病模式和治疗效果规律。支持医疗决策，实现个性化医疗和预测性诊断，提高诊疗准确性。

这些方面的应用有助于医疗信息的共享、连贯性管理和更深层次的数据分析，从而提高医疗服务的水平和效率。然而，在实现这些优势的同时，需应对数据隐私、标准化、数据质量等方面的挑战。

8.3 我国居民终身电子病历计划

中国正在推进居民终身电子病历计划，这一计划的实施将为提升中国医疗服务水平和医疗信息化水平带来巨大的潜力和机遇，但也需要克服诸多技术、管理和法律等方面的挑战。

1. 背景

随着医疗信息化的发展，中国正在推动居民终身电子病历计划，旨在建立全国统一的、覆盖所有居民的电子健康档案系统。该计划旨在促进医疗信息的互联互通和共享，提高医疗服务的质量、效率和安全性。

这一计划的背景可分为以下几个关键方面。

首先,医疗信息化已成为中国医疗卫生体系改革的重要方向。在国家推动健康中国战略、深化医改的背景下,建立终身电子病历被视为提高医疗服务质量、优化医疗资源配置的重要手段。它旨在整合医疗资源,提高医疗效率,推动医疗服务的现代化和智能化。

其次,中国面临着人口老龄化和慢性病患者数量增加的挑战。为了更好地应对这些挑战,建立终身电子病历能够帮助医护人员更全面地掌握患者的病史和治疗情况,从而更好地进行疾病预防、诊断和治疗,提高医疗服务的精准性和针对性。

此外,电子病历计划也符合信息化发展的趋势。随着科技的不断进步和智能化应用的普及,建立居民终身电子病历系统将为信息化医疗提供基础支持,加速医疗信息的数字化、智能化进程,推动医疗产业的创新发展。

另外,电子病历计划还有望解决医疗数据共享和流通的问题。不同医疗机构之间数据孤岛、信息壁垒等问题一直困扰着医疗服务的连续性和质量,建立终身电子病历有助于实现医疗信息的共享和互通,减少信息断层,提升医疗服务的全面性和连贯性。

中国居民终身电子病历计划是在国家医疗卫生事业发展和信息化浪潮的推动下提出的,旨在解决医疗信息化不足、医疗资源分散、数据共享不畅等问题,以期提高医疗服务的水平和效率。

2. 实施方案

(1) 整合数据源。

收集和整合来自不同医疗机构的电子病历数据,确保全面性和准确性。整合数据源是居民终身电子病历计划的首要任务之一。该计划致力于收集和整合来自不同医疗机构的电子病历数据,以确保数据的全面性、准确性和统一性。

首先,这项任务涉及不同医疗机构的数据收集。医疗机构作为数据的主要来源,需要将患者的电子病历数据数字化并上传至统一的平台。这个过程包括患者的病历信息、检查报告、诊断结果等多种数据类型。

其次,整合数据源也需要建立标准化的数据格式和标识。由于不同医疗机构的系统和数据格式可能不同,为了确保数据的互通性,需要统一的标准和规范,使得不同来源的数据能够被准确地整合和解读。

接着,为了确保数据的准确性和完整性,可能需要进行数据清洗和校验。这包括对数据进行筛选、清除重复数据和错误数据,以及填补缺失的信息,确保整合后的数据质量可靠。

此外,整合数据源也需要建立健全的数据管理和共享机制。这需要建立规范的数据管理体系,明确数据的归属和使用权限,并制定相应的共享政策,确保数据能够安全、合规地被合适的人员和机构使用。

为了更好地整合数据源，可能需要进行数据互操作性的技术开发和应用。这包括利用先进的技术手段，例如数据交换格式、应用编程接口等，确保不同系统之间数据的顺畅传输和共享。

此举也将为医疗服务提供更全面、精准的数据支持，帮助医生更好地了解患者的病情和病史，提高医疗决策的准确性和全面性。整合数据源将有助于医疗信息化的全面推进，为医疗行业提供更好的信息基础和技术支持。

(2) 制定标准与规范。

制定电子病历数据的标准与规范，以便不同系统之间的互通和数据共享。制定电子病历数据的标准与规范是确保不同系统之间互通和数据共享的重要环节。这需要建立一套统一的、可供所有医疗机构遵循的标准化数据格式和规范，以确保数据在不同系统间的无缝交互和一致性。

首先，标准化的电子病历数据格式需要考虑包容性和通用性。这意味着制定规范时需要兼顾各种数据类型(如文本、影像、实验室结果等)，确保数据格式能够容纳并呈现多种医疗信息。

其次，标准与规范的制定还需结合国际通用标准，确保我国标准与国际接轨。这有助于促进国际医疗信息的共享和互通，提升我国医疗信息化的国际竞争力。

制定标准与规范还需要考虑技术的快速发展和更新换代。因此，需要建立灵活的标准修订机制，及时调整标准以适应新技术的发展和变化，确保标准与技术的同步性。

此外，标准与规范的制定应考虑不同医疗机构的实际情况和需求。针对不同规模、不同医疗专业领域的机构，需要制定相对应的标准与规范，以保证标准的实用性和适用性。

随着标准的制定，还需要建立相应的标准化培训和实施指南，确保各医疗机构能够正确理解和遵循这些标准，从而更好地应用在实践中。

应充分利用现有的标准化组织和平台，如国家卫生信息标准化技术委员会等，集中专业力量，共同制定更为科学和系统的标准与规范。

制定电子病历数据的标准与规范是促进医疗信息化互通和共享的重要一环。通过统一的标准与规范，能够确保医疗数据的一致性、准确性和安全性，为医疗信息化建设提供有力支持。

(3) 建设信息平台。

建设信息平台是建立居民终身电子病历计划的关键步骤之一。这项任务涉及建立一个完备的信息化基础设施，包括云计算基础设施、数据存储和安全传输等技术支持，旨在确保数据的安全性、可靠性和持续可用性。

首先，信息平台建设需要建立健全的云计算基础设施。云计算技术提供了高效、灵活、可扩展的计算和存储资源，能够支持大规模数据存储和处理，为电子病历数据的收集、存储和分析提供了可靠的基础。

其次，数据存储是信息平台建设的核心。建立可靠、安全的数据存储系统，包括分布式存储、备份与恢复系统等，确保医疗数据的完整性和可用性。同时，对数据进行加密和权限管理，保障数据的安全性和隐私。

建设信息平台还需要建立安全的数据传输通道。采用加密技术和安全协议，确保数据在传输过程中的安全，防止数据被非法获取或篡改，保障数据传输的可靠性和完整性。

信息平台建设还应充分考虑系统的稳定性和可靠性。通过建立完善的系统监控机制和应急响应措施，及时发现和解决系统故障、数据丢失或泄露等问题，确保信息平台的持续稳定运行。

此外，信息平台的建设也需要注重技术创新和升级。及时采用最新的安全技术和数据管理技术，不断优化平台的性能和功能，以应对不断变化的安全威胁和技术挑战。

为了提高信息平台的智能化水平，也可整合人工智能和大数据分析等技术。利用人工智能技术处理医疗数据、分析患者病情，提供更精准的医疗决策支持。

(4) 推广普及与培训。

通过系统性的推广和相关人员的培训，提高医护人员对电子病历系统的认识和使用意愿，从而推动其顺利应用。

首先，推广普及需要建立宣传推广机制。通过举办培训讲座、制作宣传资料、举办推广活动等方式，向医护人员和相关人群介绍电子病历系统的优势和重要性，提高他们的使用意愿和积极性。

其次，针对不同层次和岗位的医护人员，建立系统的培训计划。这种培训计划应包括系统的操作方法、数据录入规范、安全操作注意事项等内容，确保医护人员能够熟练操作和正确使用电子病历系统。

同时，建立专业的培训团队和机构，提供针对性的培训服务。通过线上线下相结合的培训方式，灵活地满足不同医护人员的学习需求，提升他们的技能水平和系统应用能力。

除了医护人员，也需要向患者进行相关宣传和教育。患者作为医疗信息的重要来源，了解和积极参与电子病历系统的应用对于系统的完整性和准确性至关重要。

在推广普及的过程中，应及时收集和反馈相关使用者的意见和建议。不断改进和优化系统，解决用户在使用过程中遇到的问题，提高系统的用户友好性和适用性。

建立使用评估机制，定期评估系统的使用情况和效果。通过评估结果，及时发现问题和短板，对系统和培训计划进行调整和优化，持续提高电子病历系统的使用效率和质量。

此外，建立良好的激励机制也是推广普及的重要手段。对积极推广和使用电子病历系统的医护人员进行奖励和表彰，激发其积极性和参与度。

最后，持续性的推广普及和培训工作是必要的。随着医疗信息化的不断发展和变革，需要持续地进行培训更新和系统升级，确保医护人员对系统的持续使用和适应。

3. 技术支持

（1）云计算与数据存储。

建立强大的云计算基础设施，提供稳定、高效的数据存储和处理能力，支持大规模数据的存储和传输。

（2）数据安全与隐私保护。

强调数据安全和隐私保护，采用先进的加密技术和权限控制手段，确保患者信息安全。

（3）标准化技术。

实现电子病历数据的标准化，确保不同系统间数据互通的完整性和准确性。

（4）智能化应用。

借助大数据和人工智能技术，提供数据分析和挖掘功能，为医生提供更准确的诊断和治疗建议。

实施该计划需要全面考虑数据整合、隐私保护、技术基础设施建设和推广普及等多方面。克服这些挑战将为医疗服务水平的提升和医疗信息化进程带来重要的推动作用。

8.4 习题与实践

习题

（1）风险管理案例分析。

提供真实案例，要求分析案例中的信息安全风险，给出风险评估报告，并提出改进建议。

（2）模拟网络攻击。

创建模拟网络环境，要求充当攻击者角色，以了解攻击者思维和方法，并提出针对性的防御方案。

（3）安全策略制定练习。

要求制定一份完整的信息安全策略，包括风险评估、预防措施和应急响应计划等内容。

实践

(1) 持续安全意识培训。

设置定期的信息安全培训课程,针对新技术和威胁进行更新,提高对信息安全风险的认识。

(2) 漏洞修复实践。

建立团队漏洞修复流程,包括发现漏洞、报告、修复和验证,以确保系统安全性持续改进。

(3) 模拟应急响应演练。

定期进行模拟应急响应演练,检验应急响应团队的准备情况,发现问题并改进应对能力。

第9章

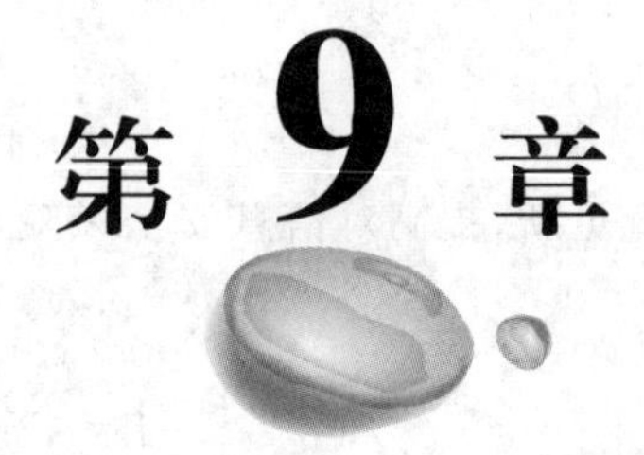

大数据在旅游业的应用

大数据在旅游业中扮演着重要角色，对市场营销、用户体验和业务运营产生了深远影响。通过大数据分析，旅游业能够实现更精准的个性化推荐和营销策略。大数据根据用户的偏好、搜索历史和社交媒体行为，为其提供更加个性化的旅游产品推荐，从而提高用户的满意度和忠诚度。

它帮助旅游业进行需求预测和市场定位，更好地了解不同市场细分的需求和趋势。这种洞察力有助于制定更有效的营销策略，并调整产品定位，以满足不同用户群体的需求。

大数据在优化运营和资源分配方面发挥着重要作用。通过分析数据，旅游从业者可以更有效地管理航班、酒店和景点等资源，提高资源利用率，同时优化运营流程，以更好地服务游客。大数据技术的应用为旅游业提供了更多洞察力和决策支持，帮助企业更好地了解市场和用户，提高运营效率，提升服务质量，从而推动整个旅游行业的发展。

9.1 旅游数据问题与发展

旅游数据在应用过程中面临诸多方面的挑战。数据来源的多样性和不一致性可能影响信息的准确性与完整性。此外，数据安全和隐私保护问题是行业关注的重点，需要建立完善的安全措施。标准化和数据互通也是一个挑战，因为不同来源的数据格式可能不同，难以进行有效整合。然而，这些问题也伴随着发展的机遇。大数据与人工智能技术的应用能够为旅游业提供更智能化的服务，预测性分析和用户行为洞察有助于精准营销与个性化服务。解决问题、利用发展机遇将为旅游业带来更高效的运营与更优质的用户体验。

数据在旅游业的收集、分析和应用过程中存在一些挑战。

1. 数据收集

数据可能来自不同的渠道和平台，涉及多种类型的信息，因此如何有效整合这些来源的数据是一个挑战。确保数据的准确性和完整性是关键。不准确或不完整的数据可能导致分析失真，影响决策和服务质量。

2. 数据分析

数据量庞大，涉及多维度的分析和处理。如何高效、准确地从大量数据中提取有价值的信息是一个挑战。数据科学家和分析师等专业人才的需求增加。同时，需要投资于先进的分析工具和技术，以有效地处理和分析数据。

3. 数据应用

将分析出的数据转换为实际可操作的建议或行动，需要对业务理解和数据解读有深入的理解。在数据应用过程中需要确保用户数据的隐私和安全，合规性是数据应用的重要考量。

解决这些问题需要综合利用技术和人才，并建立健全的数据管理和隐私保护机制，以确保数据收集、分析和应用的高效性、安全性和可靠性。

9.2 大数据与旅游业

大数据技术在旅游业的应用正在为该行业带来重大变革。这种技术赋予了对旅游业更深入的了解和洞察力，从而推动了许多方面的改变。首先，大数据分析有助于更好地了解游客的行为和偏好，使企业能够提供更个性化、定制化的服务。其次，预测性分析使得旅游业能够更准确地预测需求趋势和市场变化，从而更灵活地调整运营策略。此外，大数据技术还为市场营销、价格优化以及旅游产品的创新提供了支持。总的来说，大数据技术的运用为旅游业带来了更多机遇和发展潜力，提升了行业的竞争力和创新能力。

9.2.1 智慧旅游

智慧旅游是指利用先进的科技手段，如大数据、人工智能、云计算等，来提升旅游行业的服务质量、效率和体验。这种技术应用涵盖了以下方面。

1. 个性化定制服务

通过大数据分析游客的偏好和历史数据，为游客提供个性化定制的旅游体验和服务，满足其特定需求。

2. 智能化导览和推荐

结合人工智能技术，提供智能化的旅游导览和推荐系统，根据用户的兴趣和位置为其提供最合适的景点、餐厅和活动推荐。

3. 虚拟现实和增强现实

利用虚拟现实/增强现实技术提供虚拟旅游体验,让旅客在未实际到达目的地的情况下就能够体验当地的景点和文化。

4. 智能交通和行程规划

通过数据分析和智能算法,提供智能交通信息、路线规划和交通指引,帮助游客优化行程安排。

5. 数字化营销和服务

运用数字化技术进行旅游产品营销和服务,包括在线预订、电子支付和用户服务等,提高旅游业务的便捷性和效率。

智慧旅游的实现不仅提升了旅游服务的质量和效率,也为旅游业的创新和发展带来了新的机遇和可能性。

9.2.2 定制旅游

定制旅游是旅游业中一种越来越受欢迎的方式,它将旅行体验个性化、定制化。这种旅游方式基于游客个人的兴趣、喜好和需求,提供特定的旅游方案。

1. 个性化服务

定制旅游提供了针对个体旅客的服务,充分考虑他们的兴趣爱好、需求和预算。无论是探险、文化、美食还是休闲,都能得到个性化的行程安排。

2. 灵活性和自主性

与传统旅游相比,定制旅游更加灵活,旅客可以自主选择目的地、景点和活动,并在行程中灵活调整计划。

3. 专业定制方案

定制旅游方案通常由专业的旅游顾问或专家团队设计,充分考虑游客的需求,并提供专业建议和指导。

4. 个性化体验和服务

定制旅游致力于提供与众不同的体验,可能包括独特的行程安排、专属的导游服务、私人定制的活动或特色体验等。

5. 高品质服务和满意度

由于针对性强、服务个性化,定制旅游通常带来更高品质的服务,提升了游客的满意度和体验质量。

定制旅游因其个性化、专属化的特点，逐渐成为旅游业中的一种新趋势，吸引了越来越多寻求独特体验的游客。

9.2.3 精准营销

大数据在旅游业中发挥着关键作用，特别是在实现精准营销方面。

1. 用户洞察和个性化定制

大数据分析为旅游企业提供了深入的用户洞察。基于旅客的行为数据、偏好和历史信息，企业能够精准了解不同用户的需求，实现个性化定制的营销策略。

2. 定向广告和推荐系统

基于大数据分析的定向广告和推荐系统，能够根据用户的兴趣和行为，向他们推送相关度更高的广告和产品，提高购买转化率。

3. 实时营销调整

大数据分析实现了实时的营销调整。通过对即时数据的监测和分析，企业能够迅速调整营销策略以适应市场变化和用户需求的动态变化。

4. 增强用户体验

基于大数据的个性化营销使得用户能够得到更贴合其兴趣和需求的旅游体验，从而提高用户满意度和忠诚度。

5. 改进市场营销策略

数据分析有助于企业了解市场趋势和竞争环境，从而更好地制定和优化营销策略，提高市场竞争力。

大数据的精准营销在旅游业中带来了更具针对性和效果的市场推广与服务方案，为企业提供了更多的竞争优势和发展机遇。

9.3 旅游与数据挖掘

旅游业与数据挖掘的结合为行业带来了许多重要的变革和优势。数据挖掘可以帮助旅游业更好地预测市场需求和趋势。通过分析海量数据，企业能够更准确地了解用户需求和市场动态，做出更明智的决策。

通过数据挖掘技术分析运营数据，旅游企业可以优化资源分配和运营效率。这包括航班、酒店和景点等资源的管理，提高利用率和效益。数据挖掘有助于更好地了解用户需求和行为，为市场营销提供更准确的指导。

通过对用户关系数据的挖掘，企业可以改善用户体验，提高忠诚度。数据挖掘技术可以帮助发现和预防潜在的风险和安全问题。对于旅游安全、航班延误等方面，数据挖掘可以提供预警和应对方案。数据挖掘为旅游业提供了更多的洞察力和决策支持，帮助企业更好地了解市场和用户，提高运营效率和服务质量，推动整个旅游业的创新和发展。

9.3.1 锁定用户

旅游行业利用数据挖掘技术来锁定用户有着关键意义。通过数据挖掘，企业可以更好地了解用户的喜好、行为模式和需求，从而实施针对性更强的用户保留策略。

1. 个性化服务和定制体验

数据挖掘可帮助识别用户偏好，提供个性化服务和定制化体验。这种定制服务可以增强用户与品牌之间的关联，提高用户忠诚度。

2. 预测用户行为和需求

通过分析历史数据和行为模式，数据挖掘可预测用户的行为趋势和需求变化。这有助于企业提前做出相应调整，满足用户需求。

3. 精准营销和沟通

数据挖掘使企业能够更精准地进行市场营销，针对特定用户推出有针对性的促销活动和个性化沟通，提高用户忠诚度。

4. 用户关系管理的持续优化

数据挖掘可以持续优化用户关系管理，帮助企业了解用户对服务和产品的反馈，及时调整策略以提升用户满意度。

5. 定期评估和改进

通过持续对用户数据的分析，企业可以评估策略的有效性并不断改进，确保与用户的紧密联系和持续发展。

数据挖掘在锁定用户方面的应用不仅提高了用户满意度，还促进了用户的持续合作，增强了用户忠诚度，对于旅游业发展至关重要。

9.3.2 社交媒体挖掘

旅游业与社交媒体挖掘结合在一起，为企业提供了深入了解用户行为和趋势的机会。

1. 实时用户反馈和情感分析

社交媒体挖掘可以追踪用户在社交平台上的反馈和评论，帮助企业了解用户的体验和情感。这种实时的反馈可以指导企业及时调整服务和策略。

2. 目标市场洞察和用户画像

社交媒体挖掘技术可以分析用户在社交网络上的活动和关注点，帮助企业了解目标市场的特征和用户画像，以便更精准地定位和吸引目标用户。

3. 趋势预测和市场调研

通过分析社交媒体上的讨论和话题，企业可以预测旅游市场的趋势和变化，为未来的产品开发和市场营销提供参考。

4. 竞争情报和品牌管理

社交媒体挖掘可以监测竞争对手的活动和用户反馈，帮助企业了解竞争格局，及时调整自身策略并改善品牌形象。

5. 营销策略和用户参与

通过社交媒体挖掘，企业可以发现用户参与的趋势和偏好，从而更有针对性地开展营销活动和提高用户参与度。

社交媒体挖掘为旅游业提供了极具价值的洞察，能够帮助企业更好地理解市场和用户，提高运营效率、改善产品和服务，并更好地应对市场竞争和变化。

9.4 旅游平台

旅游平台作为旅行行业的重要组成部分，为用户提供了便捷的旅行信息和服务。这些平台涵盖了丰富的旅游资源，包括景点介绍、酒店预订、交通安排等各类信息，让用户可以轻松地浏览和搜索所需的旅行内容。用户可以在平台上便捷地预订机票、酒店、旅游套餐等服务，并通过实时的预订确认和支付功能快速完成交易。

除此之外，旅游平台还致力于提供个性化的推荐服务，根据用户的搜索历史和偏好，为其推荐符合兴趣的旅游产品。这种个性化推荐使得用户能更快捷地找到符合自己需求的产品，提高了用户体验。同时，这些平台也允许用户对旅行产品和服务进行评价和反馈，为其他用户提供参考和决策依据。

最重要的是，旅游平台提供全方位的用户服务支持。无论是解答用户疑问还是提供帮助，平台都致力于确保用户在旅行过程中拥有顺畅愉快的体验。这种便捷、个性化、全方位的服务使得旅游平台成为现代旅行中不可或缺的重要工具。

9.4.1 旅游平台模式

旅游平台的运营模式通常采用多种方式，以满足用户需求并促进业务增长。

1. 在线旅游预订平台

这种模式提供完整的旅游服务预订平台，用户可以在一个网站或应用上进行浏览和预订机票、酒店、旅游套餐、景点门票等服务。平台通常通过与各种供应商建立合作关系，提供各种选择，帮助用户规划和预订整个行程。

2. 搜索引擎模式

这种模式类似搜索引擎，用户可以在平台上搜索并比较不同旅游服务提供商的产品和价格。平台提供多样化的选择和信息，用户可以在平台上浏览各类旅行内容并在其他网站上直接完成预订。

3. 社区分享模式

这种模式建立在用户社区分享和互动的基础上，用户可以分享旅行经验、点评、攻略和建议。平台提供交流互动的空间，使用户可以获取他人的建议和意见，为旅行做更好的准备。

4. 竞价预订模式

这种模式类似于拍卖，各供应商通过竞价来展示自己的产品和服务。用户可以根据价格和服务特点进行选择，最终选择符合自己需求的最佳报价。

这些不同的运营模式为用户提供了多样化的选择和服务，并为旅游企业提供了灵活的合作方式，从而满足了不同用户群体的需求。

9.4.2 旅游平台技术

旅游平台的技术基础涉及多方面，包括但不限于以下关键技术。

1. 大数据分析

使用大数据分析技术来处理和分析海量的旅游数据，包括用户搜索和预订记录、地理位置信息、用户偏好等，以便为用户提供个性化的推荐服务和市场趋势分析。

2. 人工智能和机器学习

利用人工智能和机器学习技术，平台可以通过学习用户的行为模式和偏好，实现个性化的服务推荐、智能用户服务和预测分析等功能。

3. 云计算和服务器架构

云计算技术能够为平台提供弹性的服务器资源，确保平台在高峰期间的稳定性和性能。采用适当的服务器架构也能保障平台的稳定运行。

4. 移动端开发和用户体验优化

随着移动互联网的发展，移动端应用成为用户访问旅游平台的主要途径。因此，平台需要进行移动端开发，并着重优化用户体验，提高界面友好度和响应速度。

5. 信息安全和隐私保护

信息安全是旅游平台不可或缺的重要组成部分。采用加密技术、身份验证、安全传输协议等措施来保护用户的个人信息和交易数据的安全。

6. 地理信息系统

使用地理信息系统(GIS)技术，为用户提供准确的地理位置信息和导航服务，使用户可以更好地规划旅行路线和目的地。

7. 社交媒体和互动平台集成

整合社交媒体和互动平台，为用户提供分享经验、评价服务和互动交流的功能，增强用户黏性和平台社区活跃度。

这些技术的整合和应用使得旅游平台能够更好地服务于用户，提供更全面、个性化和便捷的旅游体验。

9.5　习题与实践

习题

(1) 研究不同类型的旅游数据，如用户预订行为、旅游目的地偏好等，尝试使用Python或R等工具对这些数据进行分析和可视化。

(2) 了解推荐系统的工作原理，尝试构建一个简单的旅游推荐系统，以预测用户的旅游偏好并提供个性化推荐。

(3) 创建一个基于云服务的简单平台原型，考虑使用AWS、Azure或Google Cloud等云服务，了解它们的基本使用和优势。

实践

(1) 开发一个基于移动端的简单旅游平台应用原型，考虑用户体验和界面设计，使用适当的开发工具和技术。

(2) 设计一个数据加密和身份验证系统，用于保护用户信息和交易数据，了解安全传输协议和加密技术的应用。

(3) 创建一个简单的地图导航功能，展示用户所选目的地的信息。

(4) 整合社交媒体API，开发一个用户分享和互动的功能模块，允许用户评论、分享旅行经验和交流建议。

第 10 章

大数据在金融领域的应用

在当今数字化时代，大数据技术在金融领域的应用已成为推动行业发展的关键力量。随着数据量的激增和处理技术的进步，金融机构开始深入挖掘数据背后的潜力，以此来优化决策过程、提升服务质量，并增强风险管理能力。大数据不仅改变了金融服务的提供方式，还重新定义了客户体验和市场策略。金融机构通过分析大量的交易数据、客户行为模式以及市场趋势，可以更准确地预测市场变动，提供个性化的金融产品和服务，从而在竞争日益激烈的市场中占据优势。

10.1 金融大数据概述

大数据在金融领域的应用深刻地改变着整个行业格局。通过分析庞大的数据量，金融机构能够更精确地评估风险、预测市场趋势，并为用户提供个性化的金融服务。这种技术的运用不仅提高了金融业务的效率和决策的准确性，还增强了用户的满意度和忠诚度。然而，这也带来了新的挑战，特别是在数据安全和隐私保护方面，要求金融机构在利用大数据的同时，更加重视信息安全和合规监管。

10.1.1 金融大数据的定义

金融大数据指的是在金融领域中产生、积累并处理的海量数据集合。这些数据集合包括金融交易记录、用户信息、市场数据、经济指标、社交媒体信息等多种来源的大规模数据。金融大数据通常以高速、多样、高密度和多维度的特征呈现，其价值在于通过对这些数据的采集、整理、分析和挖掘，揭示潜在的商业价值、市场趋势、风险和机遇。

这些数据往往以结构化、半结构化和非结构化的形式存在，需要利用先进的技术和工具进行处理和分析。金融大数据的应用旨在帮助金融机构更准确地理解市场、用户需求和行为模式，优化业务流程、提高风险管理能力，以及创新金融产品和服务。

10.1.2　金融大数据的影响

金融大数据对金融行业有着广泛而深远的影响。

1. 智能化决策

大数据分析提供了更多的信息和推荐，帮助金融机构做出更智能、更精准的决策，包括投资组合管理、贷款批准、风险评估等方面。

2. 个性化服务

基于大数据分析的用户画像，金融机构可以提供更加个性化的金融产品和服务，满足用户多样化的需求。

3. 风险管理与预测

大数据技术能够快速、准确地识别风险，并预测可能的金融风险，从而帮助金融机构更好地管理风险并做出相应调整。

4. 市场营销和用户关系

通过大数据分析，金融机构可以更好地了解市场趋势和用户需求，实现更精准的市场营销策略，并加强用户关系管理。

5. 创新金融产品

借助大数据技术，金融机构可以更快速地发现新的商机，创新金融产品和服务，满足不断变化的市场需求。

6. 合规监管

大数据技术有助于金融监管部门更好地监控金融市场，识别潜在风险和问题，并提高监管的效率和准确性。

这些影响表明，金融大数据不仅提高了金融机构的运营效率和决策水平，还为金融行业带来了更多创新和发展机遇。然而，同时也引发了对数据隐私、安全性和合规性等方面的关注和挑战。

10.1.3　金融大数据的应用战略

金融机构在应用金融大数据时，可以考虑以下应用战略。

1. 数据驱动的决策

建立基于数据的决策机制，利用大数据分析为业务决策提供支持，从而更准确地识别市场机会、降低风险和优化投资组合。

2. 用户洞察和个性化服务

基于大数据分析用户行为和偏好，为用户提供个性化的金融产品和服务，提高用户满意度和忠诚度。

3. 风险管理与预测

建立强大的风险管理模型，利用大数据技术快速识别和监测风险，预测潜在风险，并采取相应措施来降低风险。

4. 市场营销与用户体验

借助大数据分析的市场趋势和用户行为，制定更精准的市场营销策略，改进用户体验，增强品牌竞争力。

5. 合规监管和安全防范

通过大数据分析建立合规监管体系，确保金融业务的合法性和规范性，并加强数据安全和隐私保护。

6. 技术创新和合作伙伴关系

投资于新技术的研发和创新，与科技公司建立合作伙伴关系，共同探索新的金融科技应用场景，提高金融业务的竞争力。

这些战略性的应用方向，有助于金融机构更好地利用大数据技术，推动业务创新和发展，提高运营效率和用户满意度，同时也需注重数据安全和合规性等方面的风险管控。

10.2 金融大数据的应用

金融大数据的应用在金融业中扮演着关键的角色。通过大数据技术的应用，金融机构能够实现更精准的决策、提供个性化的服务，并更好地管理风险和市场。这包括利用大数据分析进行数据驱动的决策制定，以更好地识别市场机遇和降低风险。此外，金融机构也能够通过大数据分析了解用户的行为模式和需求，从而提供更个性化、精准的金融产品和服务，提升用户体验。

同时，大数据在风险管理与预测方面也发挥关键作用，通过建立强大的风险监控模型，有助于预测潜在风险并及时采取相应措施。这些应用战略性的方向表明，金融大数据的有效应用不仅提高了金融机构的运营效率和决策水平，也为行业创新和发展带来了更多机遇。

金融大数据在业务应用方面有许多实际的场景。

1. 信用评分模型

利用大数据分析用户的历史交易、信用记录、社交媒体行为等数据，构建更精准的信用评分模型,帮助金融机构更准确地评估借款人的信用风险。

2. 反欺诈和安全监控

通过大数据技术对用户的交易模式、行为模式进行实时监控,识别异常交易和潜在的欺诈行为,保障交易安全。

3. 投资组合优化

利用大数据分析市场数据、交易数据和经济指标,帮助投资者优化投资组合,降低风险,提高回报率。

4. 个性化营销和产品推荐

基于用户数据和行为分析,推出个性化的金融产品,并通过定制化的营销策略精准地触达目标用户。

5. 实时交易分析和高频交易

大数据技术使得金融机构能够进行实时的市场分析和高频交易,以更快速的方式捕捉市场机会。

6. 风险管理和模型建立

利用大数据分析构建风险模型,监测资产价格波动、市场趋势和经济周期,降低金融机构面临的风险。

7. 智能客服和自动化服务

基于大数据的智能分析,建立智能客服系统,实现更高效的用户服务与支持,提升用户体验。

这些业务应用充分展示了金融大数据在不同领域的实际应用价值,推动金融行业向更智能、更高效的方向发展。

10.3　大数据与金融创新

大数据在金融领域的融合促进了金融创新的蓬勃发展。通过大数据分析,金融机构得以更精准地洞察用户需求,推动了个性化金融产品和服务的涌现。这种创新引领着智能化决策和风险管理的变革,不仅使得金融机构能够更加精准地评估风险和预测市场动向,也为投资决策提供了更为可靠的依据。在金融科技的蓬勃发展中,大数据的应用成为推动金融行业不断创新和发展的动力源泉,促进了更高效、更便捷的金融服务。

大数据技术的结合在金融领域催生了创新浪潮,促进了金融业务的智能化和个性化发展。这种趋势催生了多样化的金融科技产品和服务,引领着新的商业模式和金融生态系统的形成。通过更深入的数据挖掘和智能化分析，金融机构不仅能更好地理解用户需求，还能够以更高效、更创新的方式满足这些需求，推动着金融领域的全面变革和进步。

10.3.1 创新维度

金融领域的创新维度基于大数据的应用涵盖以下方面。

1. 产品与服务创新

通过大数据分析用户需求和行为模式，推动金融产品和服务的个性化和定制化，包括智能投资组合、按需贷款、个性化金融规划等。

2. 智能化决策与风险管理

大数据的应用使得金融机构能够基于数据驱动进行智能决策，更精准地评估风险、预测市场趋势，有效管理风险。

3. 金融科技创新

大数据技术的结合推动了金融科技的蓬勃发展，促进了支付技术、区块链、人工智能等领域的创新应用，改变了传统金融业务模式。

4. 市场营销和用户体验优化

基于大数据分析用户数据，金融机构改进了市场营销策略，提高了用户体验，实现更精准的产品推广和品牌营销。

5. 合规监管与安全防范

大数据应用支持金融机构建立更高效的合规监管机制，同时加强数据安全和隐私保护，确保金融业务的合法性和安全性。

这些创新维度展现了大数据技术在金融领域的多方位应用，推动了金融业务模式的创新与优化，促进了金融行业的不断进步和发展。

10.3.2 应用案例

以下是金融领域利用大数据技术的应用案例。

1. 风险管理与预测

某银行利用大数据分析用户交易数据、信用记录和社交媒体信息，构建了复杂的风险评估模型。该模型能够更准确地预测用户违约的可能性，并且及时采取风险管理措施，降低不良贷款率。

2. 个性化产品推荐

一家投资公司运用大数据分析用户的投资偏好和历史交易数据，实现了个性化投资组合的推荐。这项服务不仅提高了用户的投资满意度，也提升了用户的投资回报率。

3. 高频交易与实时分析

某资产管理公司利用大数据技术进行高频交易，利用实时数据分析快速捕捉市场机会。这种实时交易分析使它们在市场波动中更具竞争优势。

4. 反欺诈与安全监控

一家支付处理公司借助大数据分析用户的交易模式和行为，建立了反欺诈系统。该系统能够实时监控交易并识别异常模式，有助于防范欺诈行为。

这些案例展示了大数据技术在金融领域中的广泛应用，对风险管理、个性化服务、实时分析和安全监控等方面产生了积极的影响，并推动了金融业务的创新和进步。

10.4　习题与实践

习题

(1) 列举至少3种金融机构可以利用大数据的方式来改进风险管理。分析这些方法如何可以帮助降低潜在的金融风险。

(2) 设想你是一家银行的数据分析师，你将如何利用用户数据来设计个性化金融产品？提供至少两个案例并详细说明设计理念。

实践

(1) 使用金融交易数据集进行分析。例如，探索历史交易数据，并运用统计工具或机器学习算法来发现不同金融产品的表现趋势，如何对投资组合或股票进行分析以改进投资策略。

(2) 利用金融市场数据和用户行为数据，建立一个风险预测模型。使用这个模型来预测可能的贷款违约或市场波动，评估其准确性和可靠性。

第11章

大数据在制造业的应用

大数据技术在制造业的应用呈现了多重潜力。首先，它被广泛运用于生产流程的优化与提升。制造商可以利用大数据分析来监控设备运行情况、生产线效率以及原材料使用情况，进而实现实时的生产监控和调整。这种实时性的数据分析有助于预测潜在问题并进行预防性维护，从而减少了设备停机时间，提高了整体生产效率。其次，大数据在质量管理领域发挥了重要作用。通过分析生产过程中的数据，制造商能够更精准地监测产品质量、识别潜在缺陷，并及时调整生产过程，以确保产品质量的稳定和一致性。

这些大数据技术的应用不仅提高了制造业的效率和质量，同时也推动了制造业向智能化、自动化方向发展。通过机器学习和人工智能技术的应用，制造商能够更快速地适应市场需求的变化，实现生产过程的灵活性和自适应性。这样的智能化制造趋势将持续引领着制造业的发展方向，进一步提升其竞争力并创造更大的价值。

11.1 大数据与工业革命

大数据被视为第四次工业革命的关键驱动力之一，与前几次工业革命相比，它在工业革命中的角色和影响有着显著不同。第一次工业革命主要侧重于蒸汽动力和机械化生产，第二次工业革命引入了电力和大规模生产，第三次工业革命则是信息技术和自动化的时代，而第四次工业革命则由大数据、人工智能、物联网和数字化技术的发展推动。

大数据与工业革命密不可分，因为它改变了传统生产模式和业务运营方式。通过大数据分析，制造业可以实现更高效的生产流程，提高生产效率和质量，降低成本。传感器技术和物联网使得设备之间能够互相通信和共享数据，使生产线变得更加智能化和灵活。此外，大数据分析也改变了企业的商业模式，促进了产品和服务的个性化定制，满足不断变化的市场需求。

因此，大数据被视为推动第四次工业革命的关键力量之一，它将制造业推向了更智能、更灵活的方向，为全球经济带来了深远的影响。

11.1.1　工业4.0

工业4.0代表着现代工业的新阶段，是指数字化技术、物联网、大数据和人工智能等先进技术在制造业中的广泛应用。这个概念强调了智能制造和数字化转型，将生产过程与信息技术相结合，以提高生产效率、灵活性和产品质量。

工业4.0的核心理念在于将传统制造业转变为智能工厂，其中包括以下几个关键方面。

1. 物联网技术

物联网技术的核心在于连接和数据交换。通过传感器和设备的互联，不同设备之间能够实现实时通信和数据共享。这种互联使得生产过程变得更加智能化和自动化，为企业带来了更高效的生产和管理方式。

传感器是物联网技术的关键组成部分，它们能够实时监测设备运行状态、环境参数等信息。这些传感器可以安装在各个关键节点上，从而实现对生产过程的全面监控和数据采集。这种实时数据的收集和分析为企业提供了更准确的生产状态和运行情况，帮助实现及时的决策和调整。

设备之间的互联不仅加速了数据传输，也促进了生产系统的智能化。通过物联网技术，设备能够相互沟通、协同工作，甚至在某些情况下自主进行决策和调整。这种智能化的生产系统大大提高了生产效率和响应速度，减少了人为干预的需要。

物联网技术还为企业带来了远程监控和管理的便利。通过远程访问和控制，企业管理者可以随时随地监测生产过程，实时了解设备运行状况，甚至远程调整设备参数以优化生产效率。这种便捷的远程管理方式大大提升了生产管理的灵活性和效率。

同时，物联网技术也为预防性维护提供了支持。通过传感器实时监测设备运行状况，系统可以预测设备可能出现的故障，并提前发出警报，使得企业可以采取措施在设备发生故障之前进行修复或更换，避免生产中断和损失。

然而，物联网技术的应用也需要考虑数据安全和隐私保护。在设备互联和数据共享的过程中，企业需要确保数据传输的安全性，防止数据被未经授权地访问和利用，同时保护用户和企业敏感信息的安全。

物联网技术的应用为企业带来了生产管理的变革。通过设备互联和数据共享，企业实现了生产过程的智能化和自动化，提高了生产效率和管理水平，为企业发展带来了新的机遇和优势。

2. 大数据分析

利用大数据技术收集、分析和利用生产中产生的海量数据，以优化生产流程、提高生产效率和预测维护需求。大数据分析在生产领域的应用是通过收集和分析海量数据来优化整个生产流程。企业利用大数据技术可以获取来自各个生产环节的数据，包括但不限于生产速率、设备运行状态、原材料消耗情况等。这些数据被分析用于深入了解生产环节中的潜在问题和改进空间。

通过大数据分析，企业能够实现生产流程的优化。分析数据可以揭示出生产环节中的瓶颈和低效点，帮助企业精准地确定需要改进的方面。这种优化可以是调整生产顺序、优化设备利用率，甚至改善物料流动等，从而提高整体生产效率。

大数据分析也为预测维护需求提供了关键支持。通过监测设备的运行数据，系统可以分析设备的工作状态和特征，预测出可能的故障点和维护需求。这种预测性维护有助于企业在设备发生故障前采取相应的维修措施，降低了突发故障给生产带来的损失和停工时间。

此外，大数据分析也为生产决策提供了更可靠的依据。通过对历史数据和实时数据的分析，企业可以制订更科学合理的生产计划和策略，更好地应对市场需求的变化和波动，避免因为需求波动而导致的过量库存或供不应求的情况。

3. 人工智能

人工智能在工业 4.0 中扮演着重要角色，例如通过机器学习和深度学习技术，设备可以自动优化生产，提高效率。通过机器学习和深度学习技术，人工智能可以使设备具备自主学习和优化能力。这使得生产设备能够根据不断积累的数据和经验，自动调整参数和优化运行模式，从而提高生产效率。

机器学习技术赋予设备自主学习的能力，使其能够从数据中学习并不断优化生产过程。这意味着设备可以通过持续的数据收集和分析，自动调整运行模式以适应不同的生产需求和环境变化，从而实现生产过程的持续优化。

深度学习技术则使设备能够更深层次地理解和处理复杂的生产问题。通过深度学习算法，设备可以分析更大规模、更复杂的数据，识别出隐藏在数据背后的模式和规律，进而做出更精准的决策和优化，提高生产效率和品质。

人工智能技术的应用不仅局限于生产设备的优化，还包括生产过程的预测和规划。通过分析大数据，人工智能可以预测生产中可能出现的问题或瓶颈，并提前做出调整，避免生产中断或资源浪费，提高整体生产效率。

此外，人工智能还促进了生产环境的智能化和自动化。例如，在物联网的支持下，人工智能可以使不同设备间实现自动协作和智能联动，从而实现生产流程的高度自动化和智能化，减少人为干预，提高生产效率和质量。

然而，AI 技术的应用也需要考虑数据隐私和安全问题。在使用大量数据的同时，保护数据的安全性和隐私是企业应当高度重视的问题。确保数据在收集、存储和分析过程中的安全性是推动 AI 技术应用的重要保障。

人工智能在工业 4.0 中的应用对生产效率和质量的提升起到了重要作用。通过机器学习和深度学习技术，AI 使得设备具备自主学习和优化能力，推动了生产过程的智能化和自动化，为企业创造了更高效的生产环境。

4. 数字化技术

数字化技术的广泛应用在设计、生产和维护领域为企业带来了巨大优势。其中包括虚拟仿真、增强现实和虚拟现实等技术，它们提供了全新的决策支持工具，帮助企业更高效地进行各个环节的操作和管理。

虚拟仿真技术允许企业在虚拟环境中模拟产品设计和生产过程。通过虚拟仿真，企业可以在产品实际制造前进行多次模拟和测试，发现潜在问题并进行改进。这有助于降低产品研发周期和成本，提高产品质量和可靠性。

增强现实技术将数字信息叠加在真实世界中，为工作人员提供实时的数据和信息。在生产过程中，增强现实可以提供操作指导、实时数据显示等功能，使工人能够更高效地完成任务，减少错误和提高生产效率。

虚拟现实技术为培训和维护提供了新的途径。员工可以通过虚拟现实体验模拟真实场景，进行操作技能培训或维护操作练习，提高工作效率和准确性。这种沉浸式体验能够更好地帮助员工熟悉复杂的工作流程和设备操作。

数字化技术也在产品展示和用户体验中发挥着重要作用。通过增强现实或虚拟现实技术，企业可以为用户提供更生动、更直观的产品展示和体验，加强产品的吸引力和竞争力，有助于提升销售。

然而，数字化技术的广泛应用也需要考虑技术成本和培训问题。投入虚拟仿真、增强现实和虚拟现实等技术需要一定的资金和技术支持，并且需要为员工提供相关的培训和指导，以便更好地应用于实际生产和管理中。

此外，随着技术的不断发展，数字化技术也需要不断升级和优化。持续关注技术的发展，及时更新和改进系统，确保数字化技术始终处于最佳状态，以发挥最大的效益。

数字化技术的应用为企业带来了更高效的设计、生产和维护方式。虚拟仿真、增强现实和虚拟现实等技术为企业决策提供了更全面、更直观的支持，提高了生产效率、产品质量和用户体验。

工业 4.0 代表了制造业转型的未来方向，强调数字化、智能化和高度自动化的生产模式，将为企业带来更高的生产效率、灵活性和竞争力。

11.1.2 新工业革命

新工业革命是指正在发生的工业领域的一系列技术和制度变革，主要包括工业 4.0、智能制造、物联网、大数据、人工智能等技术的广泛应用。这个概念强调了数字化、智能化和自动化的生产模式，以及通过技术革新来提高生产效率、产品质量和灵活性。

新工业革命带来了生产方式和商业模式的根本性改变，对传统产业和经济产生了深远的影响。

1. 智能制造和数字化转型

新工业革命的核心是智能制造和数字化转型，使传统的生产方式变得更加智能、灵活和高效。智能制造和数字化转型代表了新工业革命的前沿。这两个核心概念推动着传统生产方式向智能、灵活和高效的方向转变。智能制造的理念在于利用先进技术，如物联网、人工智能和大数据分析，将传统生产模式转变为高度自动化、可连接和智能化的制造模式。

数字化转型涵盖了各个生产环节的数字化和网络化。这意味着将传统的生产流程、数据和设备进行数字化，并通过网络进行互联。这种转型使得企业能够实现数据的实时采集、分析和共享，为决策提供更准确的依据，推动生产模式向更加灵活和敏捷的方向发展。

智能制造和数字化转型的核心在于整合和优化各种技术和资源。物联网技术为设备间的互联提供了基础，而大数据分析和人工智能则为企业提供了更深层次的数据洞察和智能化决策支持。这种综合运用技术的方式使得企业能够更好地应对市场需求的变化，更快速地调整生产策略。

智能制造和数字化转型也为企业带来了灵活性和个性化生产的可能性。通过实时数据分析，企业能够更准确地洞察消费者需求，实现快速响应和定制化生产。这种灵活性不仅提升了生产效率，也提高了产品的市场适应性和竞争力。

智能制造和数字化转型正在推动着工业领域的深刻变革。这两个核心理念为企业提供了更高效、更灵活的生产方式，加速了生产模式向智能化和数字化的方向迈进，为企业在竞争激烈的市场中保持竞争优势提供了重要支持。

2. 数据驱动和大数据应用

数据驱动和大数据应用在现代生产中发挥着至关重要的作用。大数据分析的广泛应用使得企业能够深入了解生产过程中的各个环节，并从中汲取宝贵信息，以优化生产流程、提高效率并进行预测性维护和决策。

数据驱动的生产环境使企业能够实时监测和收集大量的生产数据。这些数据来源于各种传感器、设备以及生产过程中产生的信息。通过大数据分析，企业可以深入挖掘这些数据背后的价值，洞察生产环节的实际运行情况。

大数据分析帮助企业更加全面地理解生产环节，从而可以精准地发现潜在的优化点。通过对数据的深入分析，企业能够识别生产流程中的瓶颈和低效点，并有针对性地进行改进，提高生产效率和质量。

另外，大数据应用还能够实现预测性维护。通过监测设备运行数据并运用预测算法，企业可以预测设备可能出现的故障，并提前采取维护措施，避免了突发故障带来的生产中断和成本损失。

数据驱动和大数据应用也在决策制定中发挥关键作用。凭借对数据的深入分析，企业能够制定更为科学和可靠的决策，包括生产计划的制订、市场需求的预测以及资源配置的优化，有力支持企业的战略决策。

3. 人工智能的普及

人工智能技术的广泛应用推动了自动化、智能化生产流程的发展，提高了生产效率和产品质量。人工智能技术的普及已经成为推动自动化和智能化生产的关键引擎。它不仅仅改变了生产方式，更是在多个行业内催生了革命性的变革。其广泛应用在生产流程中，为企业带来了巨大的利益，提升了生产效率和产品质量。

人工智能技术的应用在生产中实现了高度自动化。AI系统能够学习和适应生产环境，自主进行决策和调整。这种自动化的特性使得生产流程更加灵活高效，减少了人为干预的需要，从而提高了整体生产效率。

普及的人工智能技术也加强了生产环节的智能化。通过机器学习和深度学习，系统可以处理大量数据，从而更好地理解生产过程中的模式和规律。这使得企业能够实现更精准的预测和优化，提高了生产的准确性和质量水平。

人工智能技术的应用还赋予了设备更强的自主学习和适应能力。设备可以从大量的数据中学习，并根据不同的情况进行调整和优化。这种机器的智能化大大减少了生产中的错误率，提高了产品的稳定性和一致性。

4. 新商业模式的涌现

共享经济作为一种新型商业模式，借助技术平台将资源进行共享和优化利用。通过共享经济平台，个人可以共享闲置资源，如车辆、房屋等，从而实现资源的最大化利用。这种模式不仅提高了资源利用效率，也满足了消费者对更加灵活、便捷服务的需求。

另一个新兴的商业模式是定制化生产，它充分利用了数字化技术和智能制造的优势。定制化生产能够根据消费者个性化的需求进行生产，从而提供定制化的产品和服务。这种模式不仅提升了用户满意度，也为企业带来了差异化竞争优势。

智能物流是另一个新兴的商业模式，它将物流和技术相结合，通过数据分析和人工智能等技术优化物流运输和配送。智能物流模式可以实现货物的实时跟踪、智能路线规划和运输效率的提高，减少了物流成本和时间，提升了配送的效率和准确性。

这些新商业模式的涌现改变了传统商业的运营方式，强调了技术和数据在业务中的重要性。它们突破了传统产业的边界，提供了更多元化、个性化的选择，满足了消费者多样化的需求。

新技术和数据驱动的创新推动了新商业模式的涌现，为消费者提供了更多元化、便捷化的选择，也为企业带来了更多发展机遇。然而，合理监管和持续的技术创新是确保这些新模式健康发展的关键。

新工业革命正在改变着人们生活和工作的方式，不仅给制造业带来了深刻变革，也对全球经济和社会发展产生了深远影响。它促进了生产力的提高，创造了新的商业机会，并对全球产业结构和劳动力市场产生了新的挑战。

11.2 工业大数据

工业大数据是指在制造业中产生的大量数据，涵盖了生产过程中的各个环节和设备所产生的信息。这些数据包括但不限于设备传感器生成的数据、生产线上的实时数据、工艺参数、产品质量数据，以及整个供应链的信息等。通常，工业大数据的关键特征如下。

1. 数据的多样性

工业大数据来自多个数据源，包括生产设备、传感器、监控系统、质量控制、供应链等多个环节，数据类型丰富多样。

2. 数据的实时性

大部分工业数据是实时生成的，可以快速采集、处理和分析，有助于实时监控和决策。

3. 数据的规模

工业数据通常具有海量和高速的特点，随着技术的进步，数据规模不断增加。

工业大数据的应用涉及生产过程优化、设备预测性维护、质量控制、供应链管理、智能制造等领域。通过对工业大数据的分析，企业能够实现生产过程的优化，提高生产效率、降低成本，并且可以预测和预防设备故障，提升设备利用率。

此外，工业大数据也有助于优化供应链管理，改进产品设计和市场预测，为企业提供更好的决策支持和竞争优势。

11.3　大数据与智能工厂

大数据技术在智能工厂中的融合推动着制造业的变革。首先，大数据为智能工厂提供了全面的数据支持，通过实时收集和分析生产数据，智能工厂能够即时了解生产环节和设备运行状况，实现实时监控和调整，以提升生产效率和产品质量。其次，大数据技术的应用促进了智能制造的发展，通过预测性维护和智能化生产线的实现，智能工厂能够减少设备故障、降低停机时间，并提高了制造流程的灵活性和自动化程度。这种整合为企业提供了更高效的生产流程和更具竞争力的制造能力。

大数据技术与智能工厂的结合催生了新的生产范式，以数据驱动的智能决策和先进的生产方式，促进了制造业的现代化转型。这种融合不仅提升了生产效率和产品质量，还加速了制造业的创新发展，为企业带来了更灵活、更智能的生产模式，进一步推动了制造业的数字化转型。

11.3.1　智能工厂的概念

智能工厂是指利用先进技术和数字化手段构建的高度自动化、智能化的制造工厂。这种工厂利用物联网、大数据、人工智能和自动化技术，以及数字化制造和智能制造理念，实现了生产过程的高度集成和智能化控制。

智能工厂的核心特征如下。

1. 数字化生产

数字化生产是当今工业领域的重要变革，它不仅仅是简单地将生产过程数字化，更是通过技术手段实现了生产全周期的数字化管理。从生产计划的制订到产品交付的全过程，数字化生产使得每个环节都可以被记录、监控和优化。

数字化生产改变了生产计划的方式。通过数字化的系统和工具，企业能够更加精准地制订生产计划，考虑各种变量和需求，实现生产资源的最优配置。

数字化生产重塑了生产流程。数字化技术使得生产流程可以实现更高程度的自动化和智能化。通过自动化设备、物联网传感器等技术，生产流程得以更加精细地监控和管理，从而提高了生产过程的稳定性和可控性。

数字化生产也催生了全面的数据收集和分析。从生产线上收集的数据到产品的实时监测，企业能够积累大量数据并进行深度分析。这些数据分析不仅为生产过程中的优化提供了依据，也帮助企业更好地了解市场需求和用户反馈。数字化生产的实现是工业领域向智能化、高效化迈进的重要里程碑。

2. 高度自动化

高度自动化的实现标志着生产方式的重大转变。自动化设备和机器人技术的广泛应用使得生产过程变得更加高效、精确,并且大大降低了人力成本,这对于提升生产效率和产品质量有着显著的影响。

自动化设备和机器人技术的应用使得烦琐、重复性的工作可以由机器完成,从而减少了人工介入。这样的自动化生产方式降低了人力成本,同时也减少了人为因素对生产过程的影响,提高了生产效率和产品稳定性。

自动化设备和机器人技术的精度与准确性远超人工操作。机器人在执行任务时能够保持一致的精度和速度,减少了人为错误的发生,提高了产品质量和生产效率。这种精确性也使得在精密领域的生产得以更好地实现。

自动化生产还加速了生产过程。机器人和自动化设备能够在短时间内完成大量工作,不受工作时间限制,可以实现连续和高效的生产。这种高速生产有助于企业更快地响应市场需求,提升了竞争力。

另外,自动化技术也为生产环境的安全性带来了提升。机器人可以承担高风险和危险的工作,减少了人员在危险环境下的工作,保障了员工的安全和健康。

一些复杂任务和创造性工作仍然需要人类的参与。自动化虽然提高了生产效率,但在某些领域仍需人类的智慧和创造性来完成更复杂的任务和决策。

3. 数据驱动决策

数据驱动的决策已成为现代生产中的关键环节。大数据分析技术的应用使得企业能够实现对生产过程和设备状态的实时监控,并能够进行预测性维护,为决策提供了全面而准确的数据支持。

数据驱动决策通过实时监控生产过程,从而及时发现潜在问题并迅速做出反应。大数据分析技术能够收集和分析生产过程中的海量数据,让企业了解生产现场的实时状态,发现异常情况,并立即采取措施解决问题,确保生产的持续、稳定运行。

数据驱动的决策还包括对设备状态的预测性维护。通过分析设备产生的数据,可以预测设备可能出现的故障,并提前进行维护,避免了因设备故障而导致的生产中断和损失。这种预测性维护大大提高了设备的可靠性和稳定性。

数据驱动决策还在决策制定中发挥了关键作用。企业可以利用大数据分析的结果进行更加科学和精准的决策制定,包括生产排程的安排、资源配置的优化以及市场策略的制定,提高了决策的准确性和前瞻性。

智能工厂的建设旨在提高生产效率、降低成本、优化资源利用,并且能够灵活应对市场需求的变化。这种工厂不仅是制造业数字化转型的重要方向,也是推动产业升级、提高竞争力的重要手段。

11.3.2　智能工厂的特征

智能工厂具有许多特征，其中一些最显著的特征如下。

1. 数字化和集成化

智能工厂通过数字化技术将生产过程中的各个环节连接在一起，实现了全面的信息共享和集成管理。这种数字化能力使生产过程变得透明化，管理者可以实时了解到生产情况和设备状态。

2. 自动化和智能化

自动化程度高，智能工厂采用机器人、自动化设备和物联网技术，使得生产过程更加自主、智能化。设备和机器能够感知环境、做出决策并执行任务，减少人工干预。

3. 数据驱动决策

智能工厂以数据为基础，利用传感器和物联网设备采集大量实时数据，并通过大数据分析技术对数据进行处理和分析，为管理者提供决策支持和生产优化。

4. 灵活性和适应性

智能工厂具有高度的灵活性，能够快速适应市场需求的变化。它们可以灵活地调整生产线、生产流程和产品设计，以满足不同的用户需求。

5. 可持续性和环保

智能工厂注重可持续发展，采用节能环保的技术，减少资源浪费和环境污染，在提高生产效率的同时降低对环境的负面影响。

这些特征使得智能工厂成为现代制造业发展的重要方向，它们提供了更高效、更灵活、更智能的生产方式，带来了生产效率和产品质量的提升。

11.3.3　智能工厂的应用

智能工厂的应用非常广泛，主要体现在以下几方面。

1. 生产过程优化

智能工厂利用大数据分析和实时监控技术，对生产过程进行精细化管理和优化。通过数据分析，可以识别出生产过程中的瓶颈和优化空间，从而提高生产效率和降低成本。

2. 预测性维护

利用传感器和大数据分析，智能工厂可以对设备进行实时监测，预测设备故障和损坏，并提前进行维护，避免因设备故障导致的生产中断和成本增加。

3. 柔性生产和定制化制造

智能工厂通过灵活的生产线配置和数字化技术，能够快速调整生产线，实现产品的个性化和定制化生产，满足不同用户需求。

4. 质量控制

利用传感器和数据分析技术，智能工厂能够实时监测产品质量，及时发现并修复生产过程中的质量问题，提高产品质量和一致性。

5. 供应链优化

智能工厂通过数字化技术和供应链管理系统，能够更好地与供应商和合作伙伴进行信息共享，优化供应链管理，降低库存成本，提高物流效率。

智能工厂的应用范围不仅仅局限于制造业，它也适用于其他行业，如物流、能源等。这些应用使智能工厂成为了提高生产效率、降低成本、实现生产数字化转型的关键手段。

11.4 智能制造大数据分析

智能制造中的大数据分析是指利用大数据技术和分析工具来处理制造过程中产生的海量数据，并从中提取有价值的信息和见解。这项分析有助于优化生产流程、改进产品质量、预测设备故障并提供决策支持。

在智能制造中，大数据分析有以下关键应用。

1. 实时监控和预测性维护

通过分析传感器和设备数据，大数据分析可以实时监控设备运行状态，识别设备异常，并预测可能出现的故障，从而进行预测性维护，减少停机时间。

2. 生产过程优化

大数据分析可以对生产过程中的各个环节进行深入分析，找出生产效率低下或浪费资源的环节，并提出优化方案，提高生产效率和降低成本。

3. 质量控制和产品改进

分析生产过程中的大数据有助于识别产品质量问题的根源，及时调整生产流程以确保产品质量，并通过数据挖掘发现产品改进的潜在机会。

4. 智能决策支持

大数据分析提供了可视化的生产数据和报告，支持管理者和决策者进行更准确的决策，基于数据驱动的智能决策有助于提升制造业的效率和竞争力。

大数据分析在智能制造中扮演着不可或缺的角色。其不仅仅是帮助厂商优化生产流程和提升产品质量的工具，更是为制造企业提供了更智能、更高效的决策支持的关键组成部分。通过深入挖掘数据，企业能够实现对生产环节的精细化管控，从而提升生产效率，减少资源浪费，并且在产品质量方面实现更为可靠的控制。

这种数据分析还赋予制造企业更智能的能力，使其能够更快速地做出战略性和运营性决策。从供应链管理到预测维护，大数据为企业提供了全方位的信息支持，使其能够更精准地把握市场需求，灵活调整生产计划，实现更加高效的资源配置和利用，从而保持竞争优势。

11.5 案例：服装个性化定制

在服装个性化定制方面，大数据分析发挥着关键作用。通过数据收集、分析和挖掘，服装行业可以更好地满足消费者个性化的需求，并提供定制化的产品和服务。

1. 数据驱动的身体测量和定制设计

某些服装企业利用大数据和人体扫描技术，收集顾客身体尺寸和形态数据。这些数据通过算法分析和处理，帮助设计师精准制定服装设计方案，满足不同消费者的身体特征和个性化需求。

通过大数据和人体扫描技术的结合，服装企业能够深入了解顾客的身体尺寸和形态数据，为设计师提供宝贵的信息基础。这些数据不仅仅是数字，更是背后消费者的个性和需求的体现。

这种数据驱动的定制设计能够促进服装行业的创新。基于分析的数据，设计师可以更精确地把握消费者的身体特征和喜好，以此为基础打造更符合不同体型和偏好的服装。这种个性化设计不仅提高了顾客的满意度，也加强了品牌与消费者之间的连接，推动了产品的升级与品牌的发展。

除此之外，数据驱动的身体测量和设计还能为企业提供市场竞争优势。通过对大量消费者身体数据的分析，企业可以洞察消费者群体的身体变化趋势和尺寸偏好，从而更好地预测市场趋势，调整产品策略。

这种定制化设计也有助于减少服装的退货率。基于消费者身体数据的个性化设计能够大幅减少购买后因尺码不合适而产生的退货情况，提高了消费者的购物体验，降低了公司的运营成本，有助于促进可持续的商业模式。

不仅如此，数据驱动的身体测量和定制设计也在一定程度上促进了可持续性发展。定制化设计能够减少不必要的生产浪费，因为生产的每一件衣物都更符合消费者需求，减少了废弃和过剩。这种生产方式对环境友好，有助于推动可持续时尚和可持续产业的发展。

数据驱动的身体测量和设计推动了技术创新。这种技术结合让服装行业与科技领域更加融合,推动了人体扫描、数据分析、算法和设计领域的交叉创新,为未来的产品和服务带来了更多可能性。通过这种方式,企业不仅能够更好地满足消费者个性化需求,也提升了生产效率和产品质量,推动了行业的创新与可持续发展。

2. 趋势预测和产品设计

当大数据分析与产品设计紧密结合时,服装企业能够迅速而准确地洞察消费者的喜好和趋势。这种了解不仅局限于款式或颜色的选择,而是涉及对特定材料、功能性设计以及社会意识的回应。透过对消费者购买习惯的深入分析,企业能够捕捉到热门商品的特质,并快速地将这些特质融入产品设计中。

社交媒体行为成为另一个关键领域,为企业提供了丰富的信息,揭示了当前流行和即将兴起的趋势。监测用户在平台上的互动、评论和分享,能够深入了解消费者对产品的真实看法和态度。这些信息不仅仅为产品设计提供灵感,更能够帮助企业快速调整策略以适应市场的变化,实现灵活的市场应对。

通过分析历史销售数据、全球时尚事件以及潮流预测,企业得以预测下一个季度将会成为热门的元素或风格。这种前瞻性的洞察力有助于企业避免库存积压和产品滞销,提高了企业在竞争激烈的市场中的竞争力。

进一步而言,大数据的分析还可以帮助企业识别消费者的动态需求。不断监测和分析市场上的变化,可以帮助企业及时调整产品定位和功能,以更好地迎合消费者的期待,从而提高产品的市场占有率。

另一个重要的方面是数据驱动的个性化推荐系统。通过分析消费者的购买历史、偏好和行为模式,企业可以为每位消费者提供定制化的产品推荐,提升购物体验,并促进销售增长。

随着技术的不断进步,虚拟试衣间和增强现实技术等新兴技术将成为未来产品设计的重要趋势。这些技术可以帮助消费者更直观地体验产品,加速购买决策,并提高消费者满意度。

3. 智能推荐和个性化营销

基于消费者的购买历史和个人喜好,服装企业利用大数据技术开发智能推荐系统。这些系统可以向顾客推送个性化的服装款式或潮流趋势,提高购买转化率,并增强用户忠诚度。通过分析消费者的购买历史、浏览行为和喜好,这些系统能够精准地为顾客推荐符合其口味和风格的服装款式。这种个性化推荐不仅提升了购物体验的便利性,更增加了顾客对品牌的信任感和忠诚度。

大数据技术的运用使得智能推荐系统越发精准和高效。通过机器学习和算法优化，系统能够不断学习和适应消费者的偏好变化，从而提供更加精准的推荐。这种个性化体验不仅增加了购买的可能性，也向消费者展示了品牌对于其个人需求的关注和理解。

个性化推荐不仅体现在款式上，还包括了尺寸、面料甚至搭配建议等方面。这种综合性的个性化服务增强了消费者的购物体验，降低了购买时的不确定性，进而提高了购买转化率。消费者更有可能在获得个性化建议后做出购买决策。

随着消费者对个性化的需求不断增长，智能推荐系统也在不断升级优化。大数据的分析能力和对消费者行为的理解，使得系统能够更准确地预测顾客可能感兴趣的产品，从而实现更高效的推荐。这种有针对性的营销策略有效地吸引了潜在消费者，并加深了对现有用户的黏性。

4. 制造流程优化和定制生产

企业利用实时生产数据进行优化，确保定制服装的生产过程更高效，可以更灵活地满足不同用户需求。大数据分析在制造流程中的应用，为服装企业带来了重大的变革。实时生产数据的收集和分析使企业能够更加精确地了解生产过程中的每一个环节。这种洞察力有助于发现潜在的优化点，提高生产效率，并最大限度地减少资源浪费。

定制生产是大数据分析在制造领域带来的重要革新之一。通过收集消费者的个性化需求和偏好数据，企业可以实现更灵活的生产安排。这种定制化生产模式不仅提高了用户满意度，也降低了库存成本，使得生产更具有针对性和效率性。

实时监控生产数据不仅有助于提高效率，还可以减少生产中的错误和损耗。大数据分析能够快速识别生产线上的问题，并及时采取措施加以解决，避免因错误导致的生产延误或资源浪费。

另外，大数据分析也为生产计划和库存管理提供了更精准的支持。通过分析市场需求和历史销售数据，企业能够更准确地预测产品的需求量，从而优化生产计划，避免库存积压或因供大于求而产生的资源浪费。

制造流程的优化不仅关乎生产效率，也涉及可持续性和环保。通过大数据分析，企业可以更好地掌握资源利用情况，优化生产流程，降低能源消耗和废物产生，实现可持续生产。

然而，要实现制造流程的优化，企业需要投资于先进的数据采集和分析技术。建立高效的数据收集系统以及拥有专业的数据分析团队，是确保数据准确性和可靠性的关键。

此外，制造流程的优化也需要与传统工艺和技术相结合。大数据分析提供了优化方向和建议，但结合行业经验和技术实践，才能真正实现生产效率的提升和成本的降低。

11.6 习题与实践

习题

(1) 设计一个问卷或进行调查,以了解消费者对个性化服装定制的看法、需求和偏好。分析所获得的数据,并提出针对不同群体的个性化方案。

(2) 利用市场调研数据或在线工具,分析时尚趋势和消费者的购买行为。通过数据分析,确定哪些款式、颜色或设计更受欢迎,为定制化设计提供指导。

(3) 设计一个基于消费者购买历史和喜好的个性化推荐系统。使用 Python 或其他编程语言创建简单的推荐算法,并根据用户数据提供个性化的服装推荐。

实践

(1) 利用测量工具或身体扫描技术收集参与者的身体尺寸和形态数据。通过收集和记录这些数据,为个性化定制提供基础。

(2) 设计一个实验,优化制造流程以适应个性化定制需求。尝试不同的生产模式和流程,观察哪种方式能够更有效地适应不同的定制要求。

(3) 创建一种市场推广策略,包括通过社交媒体、电子邮件或线下活动向消费者宣传个性化服装定制服务。观察和分析各种策略的效果,以确定哪种方式更受欢迎。

结语：大数据时代的机遇与挑战

当我们站在大数据时代的风口上，我们看到了无限的机遇，也面临着前所未有的挑战。大数据的应用领域日益广泛，其未来发展趋势也呈现出许多令人振奋的迹象。

大数据的应用领域横跨了几乎所有行业。在医疗保健领域，大数据的应用已经带来了巨大的变革。通过分析患者数据和疾病模式，医生能够提供更加个性化和精准的治疗方案，促进医疗水平的提高。在金融领域，大数据的应用使得风险管理和市场预测变得更加准确和可靠。教育、零售、交通、能源等领域也都在积极探索大数据的应用，不断创新和改进现有的业务模式。

未来，大数据的发展趋势将更加注重数据的质量和隐私保护。随着数据量的不断增加，确保数据的准确性和可信度将成为重要挑战。同时，隐私保护也是不容忽视的问题。在利用大数据的过程中，如何确保数据安全、合法合规地收集和使用数据，将是一个需要长期思考和解决的难题。

另外，人工智能和机器学习的发展也将深刻影响大数据的应用。通过结合人工智能技术，大数据分析将变得更加智能化和自动化。这意味着我们可以更快速地从海量数据中提取有价值的信息，并做出更精准的预测和决策。然而，这也带来了对算法公正性和透明性的要求，避免算法偏见和不公平对决策造成负面影响。

在大数据应用的过程中，数据的共享和互通也是一个重要议题。跨机构、跨行业的数据共享可以带来更广泛的应用和更深入的洞察，但同时也面临着数据安全和隐私保护的难题。建立起合适的数据共享机制，确保数据的安全性和隐私性，将是未来需要持续努力的方向之一。

总的来说，大数据的时代给我们带来了前所未有的机遇，但也伴随着诸多挑战。未来，我们需要在技术创新、数据质量、隐私保护等方面不断努力，才能更好地应对这些挑战，实现大数据应用的可持续发展。唯有如此，大数据才能更好地为人类社会的发展和进步提供助力。

图书资源支持

感谢您一直以来对清华版图书的支持和爱护。为了配合本书的使用，本书提供配套的资源，有需求的读者请扫描下方的“书圈”微信公众号二维码，在图书专区下载，也可以拨打电话或发送电子邮件咨询。

如果您在使用本书的过程中遇到了什么问题，或者有相关图书出版计划，也请您发邮件告诉我们，以便我们更好地为您服务。

我们的联系方式：

清华大学出版社计算机与信息分社网站：https://www.shuimushuhui.com/

地　　址：北京市海淀区双清路学研大厦 A 座 714

邮　　编：100084

电　　话：010-83470236　010-83470237

客服邮箱：2301891038@qq.com

QQ：2301891038（请写明您的单位和姓名）

资源下载：关注公众号“书圈”下载配套资源。

资源下载、样书申请

书圈

图书案例

清华计算机学堂

观看课程直播